食尚主义

我的 轻食体验

周小雨 主编

U0213041

重庆出版集团 重庆出版社

图书在版编目（CIP）数据

我的轻食体验/周小雨主编. --重庆：
重庆出版社,2017.2
ISBN 978-7-229-11817-4

Ⅰ.①我… Ⅱ.①周… Ⅲ.①食谱 Ⅳ.
①TS972.12

中国版本图书馆CIP数据核字(2016)第289143号

我的轻食体验
WO DE QINGSHI TIYAN

周小雨　主编

责任编辑：刘　喆 赵仲夏
责任校对：何建云
装帧设计：何海林
摄影摄像：深圳市金版文化发展股份有限公司
策划编辑：深圳市金版文化发展股份有限公司

重庆出版集团
重庆出版社　出版
重庆市南岸区南滨路162号1幢　邮政编码：400061　http://www.cqph.com
深圳市雅佳图印刷有限公司印刷
重庆出版集团图书发行有限公司发行
邮购电话：023-61520646
全国新华书店经销

开本：720mm×1016mm　1/16　印张：15　字数：200千
2017年2月第1版　2017年2月第1次印刷
ISBN 978-7-229-11817-4

定价：32.00元

如有印装质量问题，请向本集团图书发行有限公司调换：023-61520678

前言

美丽和美食从来就不是不可兼得，这是我对"轻食"全部的解释。

初遇"轻食"这个词，是在午后的一间咖啡店里，只记得当时阳光正好，我很饿。因为在等艺人，不能先点餐，只好拿起了一本美食杂志过过眼瘾。翻开，只见"轻食"两个宋体大字"直挺挺"地标在封面上，下面压着某著名演员的小脸，两两相照，让人以为按照上面的方法便能像该演员一样拥有完美的曲线。但这怎么可能呢？我顿时没了兴致，只是随手翻了翻杂志，便扔在了一边。那时我才二十多岁，如今想来，倒要感谢记者这一职业，工作强度之大不亚于重体力活，但这也让我的体重稳稳维持在百分线以下。

第二次遇见"轻食"这个词，已是在几年后了。当年的小记者已经小有成就，一手创办了"美丽雨文化"，终日奔波于公司、酒桌、家庭之间。而且饮食上也变得荤素不忌，当时的格言是：放在眼里不如放在胃里。于是，身上脂肪以肉眼可见的速度堆积起来。直到有一天，手机报发来一条信息：让轻食来拯救您。这时我一抬头，面前正对着一面镜子，看了之后觉得：嗯，我好像确实需要拯救了。只不过，当时的第一选择是药物，而后是选择运动，结果都因为种种原因无疾而终。

后来，我第三次遇见"轻食"这个词。它的奇妙之处在于不需要忌口，想吃就吃，只需注重卡路里，我当时就动手找资料、搜菜谱，开开心心地折腾了一个月，确实瘦了，而且没饿着。记得当时站在秤上的我兴奋至极，恨不得把"轻食"列为21世纪世界最伟大的发现。

感谢轻食，它让我的体型保持得当，并且成全了我的一颗"吃货"心！

周小雨

 第一章 我的轻食体验心得

 第二章 清爽不油腻：蔬菜

Contents

第四章 饱腹无负担：主食

第五章 清除体内垃圾：汤&粥

第六章　美丽好气色：甜点水果餐

第一章

我的轻食

体验心得

咖啡馆的轻食总是很受欢迎，无论是为了感受西式风情，还是为了健康，总会有人为这份美味买单。而随着文化的融合，符合轻食"不油煎、油炸"要求的中式轻食，也如雨后春笋般涌现……而无论是西式轻食还是中式轻食，总有一些心得是共通的。

轻食主义，让生活更"轻"一点

"轻食"一词，最早是由欧洲传过来的。在法国，午餐的"Lunch"正具有轻食的意思。此外，轻食常被解释为餐饮店中快速、简单食物的"Snack"，这也是轻食的代表字眼之一。

···简单+适量+健康+均衡=轻食主义···

"轻食"是指少油、少盐、少糖、高纤维及高钙，不给身体造成负担的饮食方法。果腹、止饥、分量不多，可以说是"轻食"奉行的准则。"轻食"注重健康概念，崇尚清淡、均衡、自然、健康、无负担的饮食，提倡吃七八分饱，远离刺激性食物，多食用一些天然食材。

轻食的另一个含义则是指简易、不用花太多时间就能吃饱的食物。在烹饪方法上，轻食普遍避免煎、炸等做法，更多选择对营养成分保护得更好的煮、烤、生食等做法。在饮料的选择上，除了低热量的有机茶包和各种酵素外，鲜榨果汁也很受欢迎。至于主食的选择，考虑到卡路里和营养，可用糙米、荞麦、藜麦等更加天然、营养的食材。

··· 轻食 ≠ 低卡路里 ···

为了跟风和瘦身而接触轻食的人，往往容易走入"空卡路里"的误区。它主要是指一味追求低卡路里，从而忽略了每天必需摄入的营养成分，使身体健康受到影响。

另外，用大量瓶装沙拉酱拌出的菜叶沙拉，菜叶本身营养成分单一且营养价值不高，而沙拉酱则含有极高的热量，两者合在一起作为主食虽然能带来饱腹感，但不知不觉中卡路里一路飙升，而蛋白质、微量元素等却摄入不足。

好在轻食主义红遍世界后，甜菜根、红薯、燕麦这些零负担的食材也走上餐桌，这说明人们不再只是注重低卡，还更加关注健康，会选择更加科学的饮食方式。

··· 轻食+运动=健康 ···

低卡轻食只是健康饮食的一小部分，有一种说法是"七分吃三分练"，说的就是只吃低热量食物是不够的，还需要进行相应的运动锻炼。卡路里的摄入取决于个人的身体基础代谢，而基础代谢率可以依靠合理的运动来提升。饮食需要完成"分内"的事，不过多囤积，运动才是行之有效的平衡手段。所以，运动吧！

··· 轻食 ≠ 无肉···

肉类含有丰富的蛋白质、B族维生素、矿物质等，是人类的重要食品。为了身体健康，轻食中也需要包含肉类。

轻食中的肉类，以低脂、高蛋白的禽肉为首选。因为即使再瘦的猪肉里也会隐藏着看不到的脂肪，而禽肉只要选对部位，如鸡胸肉，就可以几乎不摄入脂肪。牛肉的蛋白质含量高，脂肪含量低，也是很好的选择。

同样的肉类，不同的部位，因为脂肪含量不一样，热量也是不一样的。因此，吃哪块肉非常关键。比如鸡翅尖主要构成是鸡皮和脂肪，所以热量就比鸡胸肉高。常用来做酿苦瓜、酿茄子、酿豆腐的肉糜，为使口感更好，在制作时一般会搅入很多肥肉，导致热量很高。所以，要选择肥肉和肉皮较少的位置食用。

轻食经典，沙拉那些事儿

沙拉最简单的做法就是把一些常见、可直接食用的蔬果拌一下，即做即吃。但是，将其当做健康美食的人或许要失望了。制作沙拉最主要的材料是生菜类，它是一般沙拉里最容易出现、所占比例也相对较大的食材。但是这种沙拉，对瘦身也许有用，营养方面可能就不达标了。

··· 常见蔬菜营养成分含量低···

根据有机中心的检测，常见食材所含27种营养素的排名，榜单倒数5名中有4种是常见的沙拉用菜——黄瓜、萝卜、生菜和芹菜。这些蔬菜在沙拉中特别常见，而且含水量都很高，所以留给营养物质的空间就减少了。

对于减肥瘦身者来说，这些蔬菜是非常好的选择，但是对于满足成人每天摄入1800~1900卡的这一健康需求，就不能达标了。如果想要在一份沙拉里兼顾营养和低热量，可在沙拉中加入甜菜根、鸡胸肉等食材。

··· 用错沙拉酱越吃越胖 ···

一般人食用沙拉除了养生观念的进步，就是有减肥瘦身的需求了。但是，有些沙拉会让您越吃越胖，元凶就是那些可以给沙拉增色增味的沙拉酱。

蛋黄酱是用蛋黄和食用油制作的，其中油的比例很大，一般100克蛋黄酱的热量会超过700大卡；千岛酱是用沙拉油、鸡蛋、腌黄瓜、糖、番茄酱、柠檬汁等精制而成的，100克千岛酱的热量也在500大卡上下，而同等重量的回锅肉热量也只是500大卡左右。所以有减肥计划的人可以吃沙拉，但一定要小心沙拉酱的"陷阱"，不然等待您的就是越吃越胖。

··· 非有机食材的"物种退化" ···

科学在进步，种植蔬菜的产量翻倍，于是我们可以用更少的金钱、更少的时间得到一些看起来和以前一样的食材，但是这样物美价廉的食材，真的和以前相同吗？

我们回想一下十年前吃到的食材，对比现在买到的食材，总会得出味道越来越淡的结论，那么营养呢？

人们发现常吃的食材有些"退化"了，所以不惜花费更多的金钱去买更有营养、无污染的食材，这也是近些年有机食材越来越流行的原因。而制作沙拉时，考虑到营养和卫生两方面，还是选择有机食材比较好。

… 速食沙拉的卫生隐患 …

对于工作很忙的上班族来说，超市卖的速食沙拉是个很好的选择，既不用自己动手制作，又可以补充维生素等营养。但是如何能确定其制作沙拉时使用的器具卫生，包装时使用的盒子安全呢？根据美国疾病预防控制中心的数据，从1998年到2008年，22%与食物相关的疾病都是由绿色蔬菜的不安全带来的，那些在受保护环境下被包装起来的食物，往往意味着它们周围的空气已经有添加剂帮助其延长上架寿命了。

… 装饰食材浪费严重 …

在美国，生菜是蔬菜类食品中浪费最严重的一种，每年有超过10亿磅吃剩的沙拉被人丢弃。而在国内，我们对于沙拉垫底，或主食周边点缀的小蔬菜往往都处于忽视状态。我们吃掉的每一份蔬菜，都相当于把农场的水运输到了餐桌上，而这些含水量多的蔬菜品种和番茄、豆角等更富含营养的品种相比，无疑是事倍功半的存在。同一块土地，所种植的蔬菜能提供的营养更少，从整体来说就是对农业资源的浪费。

… 慎选搅拌用具及盛器 …

由于大部分的沙拉酱都含有醋的成分，所以拌沙拉时千万不能使用铝材质的器具，因为醋汁的酸性会腐蚀金属器皿，释放出的化学物质会破坏沙拉的原味，对人体也有害。搅拌的叉匙最好是木质的，器具则应选择玻璃、陶瓷材质的。

控制沙拉酱热量的心得

沙拉是健康的减肥食物，但是制作不当也容易富含热量，导致脂肪沉积。目前市场上所销售的沙拉酱中，蛋黄酱所含的热量是最高的。专家认为，这主要是由于蛋黄酱的原料一半以上来源于食用油，其次则是蛋黄。为了迎合消费者的口味，大部分沙拉酱都大量使用食用油，导致其中所含热量也越来越高。

少吃蛋黄酱

上面说过100克蛋黄酱所含的热量，而一汤匙蛋黄酱含热量95大卡，约含脂肪12克，比相同分量的巧克力还高。

沙拉酱添加酸奶和白葡萄酒

加入酸奶和白葡萄酒就可将蛋黄酱"稀释"。比如，将含热量700大卡的蛋黄酱去掉一半，然后加进一半酸奶，就可使其热量降到350大卡。此外，在沙拉酱中加入适量的白葡萄酒，也可降低其油脂的含量。

去掉蔬菜上的水分

残留在蔬菜上的水会淡化沙拉酱的味道，造成沙拉酱使用过度。因此，放沙拉酱之前应去掉蔬菜表面的水分。

自制低脂沙拉酱

利用现有的材料自己制作沙拉酱，做出来的沙拉酱不仅口味可以自由掌控，还更健康。

向大家推荐一种胡萝卜沙拉酱的做法。原料是一根胡萝卜、一个苹果、1/4个洋葱、半个柠檬（榨汁）、一小汤匙砂糖、两大汤匙淡酱油、100~120毫升醋、130毫升橄榄油。先用搅拌机将胡萝卜、苹果和洋葱搅碎，然后放下柠檬汁，放入砂糖、盐、酱油后进一步搅成糊状。倒入碗内，一边搅拌一边放进醋和油。这种沙拉酱味道很好，又能降低胆固醇。

轻食误区，您中招了吗？

信奉"轻食＝素食"就能让身体健康吗？不是这样的，素食虽好，也要有度。而这样的轻食营养陷阱还有很多，比如吃轻食就可以减肥、轻食就是节食、轻食只吃水果等。以下关于轻食的营养陷阱，您是否也"中枪"了呢？

轻食配合运动就能减肥？

久坐不动和油腻的外卖绝对是身材走样的大杀器，所以普通的上班族都很适合现在流行的轻食主义。但是对于孕妇和未成年人来说，就不适合这一方式了，因为胎儿和未成年人的生长发育需要大量营养。

对于正常的人来说，一周有1~2天吃轻食是比较合适的。在此期间，要多选择高纤维的五谷杂粮、新鲜水产、各色新鲜蔬菜等食材。

对于想减肥的人来说，食用轻食也要注意均衡搭配，不要单吃一种，同时配合的运动以中小强度的比较适合，例如瑜伽等。若是进行太剧烈的运动，则很容易导致低血糖。

素食吃多少都很养生？

素食怎么吃都是养生的吗？其实不然，食用素食过量也会导致营养过剩。

不健康的肥胖，大多是因为食物中的热量摄取过多造成的。人们认为素食热量不多，多吃一些对健康也没有影响，其实素食中富含糖类的根茎类食材或谷类，热量都非常惊人。

以100克的量作对比，红薯的热量约为99大卡，鲜玉米的热量约为106大卡。因此，在吃素食时也要控制食量，或者选择热量适中的食材进行搭配。

轻食等于节食？

轻食奉行的是低热量原则，提倡少吃，在保证正常膳食结构和一定热量的前提下尽量选择饱腹感强的食物，把热量控制在一定的范围内，这并不等同于节食。

轻食主义者安排每日的食谱，在热量与脂肪的限额下挑选食物配搭，这是合乎科学原理的。西方很多国家的人们一直视控制摄入热量为健康膳食的重点。人体每天摄入的各种营养元素，除了不可缺少的碳水化合物和维生素外，蛋白质亦是重要组成之一，也最能带来饱腹感。所以适当食用肉类不但不是轻食主义者们所禁止的，反而是重要的健康饮食原则。

如何能吃得少而又让人感到满足，对轻食主义者来说有很多小技巧：如饭前先喝汤或喝稀饭，会提前产生饱腹感，有助于减少动物脂肪和含胆固醇、高糖、高淀粉食物的摄入，有助于防止暴饮暴食。

放慢进食速度也有不错的效果。在进食过程中即使胃部已被食物装满，饱腹感却要延迟20分钟才能到达大脑，如果吃得太快，我们会因为没有饱腹感而摄入过量的食物。养成细嚼慢咽的习惯，是减少摄入多余食物的法宝。

蔬菜味道不好，只吃水果？

大多数减肥者都觉得吃肉会长胖，所以在食物中会剔除肉类选项，并且增加水果的分量，毕竟水果的热量相对来说并不高，还可以美容护肤、味道甜美，何乐而不为呢？

适量食用水果确实有以上功效，但是水果的含糖量比较高，食用过多或完全当做主食来食用就会起到反效果。这样吃下来，热量可能比正常吃一顿饭还要高。

而且水果中含有的矿物质和维生素的量远远低于蔬菜，如果不吃蔬菜，只靠水果，这也不足以提供足够的营养素。

第二章

清爽不油腻：蔬菜

　　轻食主义强调简单、适量、健康和均衡，食物要符合"三低一高（低糖分、低脂肪、低盐分、高纤维）"原则，而蔬菜正是符合这一原则的核心食材。美味又健康的低卡蔬菜不仅烹饪简单方便，其清爽、不油腻的特点还有助于调理肠胃，让您吃出完美曲线！

小白菜

小白菜是蔬菜中钙和维生素含量最丰富的绿色食材之一，具有促进骨骼发育、缓解精神紧张的作用。小白菜热量低，经常食用还有助于减肥瘦身。

每100克		
热量	17Kcal
纤维素	1.1g
胡萝卜素	1.68mg
钙	90mg

椒油小白菜

时间：8分钟
热量：45大卡[1]

| 原料 |

小白菜250克，口蘑50克，朝天椒末少许

| 调料 |

盐、鸡粉各2克，生抽4毫升，花椒油5毫升，水淀粉、食用油各适量

做法 ↘

1 将洗净的小白菜切成段；洗好的口蘑切成片。

2 锅中注入约400毫升清水烧开，放入少许盐、食用油，倒入口蘑，拌匀。

3 煮约半分钟至其八成熟后捞出，沥干水分，待用。

4 用油起锅，倒入小白菜，快速翻炒几下至其变软，放入生抽，炒匀。

5 再注入适量清水，加入鸡粉、盐，炒匀调味，倒入口蘑，翻炒片刻。

6 撒上朝天椒末，搅动几下，用大火煮片刻至全部食材熟透。

7 待汤汁将沸时淋入花椒油，再倒入少许水淀粉，搅拌均匀。

8 关火后盛出煮好的菜肴，放在盘中即成。

包菜

包菜富含维生素C、维生素E和胡萝卜素等，热量和脂肪含量却很低，具有很好的抗氧化及抗衰老作用，适合崇尚轻食主义的人群食用。

每100克	热量	24Kcal
	纤维素	1g
	维生素E	0.5mg
	维生素C	40mg

醋香包菜

时间：10分钟
热量：19大卡

|原料| 包菜100克，水发黑木耳、胡萝卜各50克，姜丝3克，葱花2克

|调料|
盐3克，鸡粉1克，白糖4克，陈醋5毫升，芝麻油3毫升

做法 ↘

1 洗净的胡萝卜去皮切片；水发木耳切块；洗净的包菜撕块。

2 包菜块装碗，加入切好的胡萝卜、木耳，放入姜丝，拌匀，装入杯中，盖上保鲜膜。

3 电蒸锅注水烧开，放入杯子，蒸5分钟左右。

4 另取一碗，放入盐、鸡粉、白糖、陈醋、芝麻油，拌匀，制成调味汁；取出杯子，撕开保鲜膜，浇上调味汁，撒上葱花即可。

双丝包菜卷

时间：12分钟
热量：218大卡

| 原料 |

包菜叶100克，鸡蛋2个，胡萝卜200克

| 调料 |

盐3克，白糖2克，生抽、芝麻油、食用油各适量

做法 ↘

1 鸡蛋打入碗中，调匀；洗净的胡萝卜切丝；洗净的包菜叶修齐整。

2 锅中注水烧开，放入盐、白糖，倒入胡萝卜，焯水捞出；再将包菜叶焯水至熟，捞出。

3 热锅注入食用油，烧至三四成热，倒入蛋液，摊匀，煎成蛋皮，盛出；将蛋皮切成丝。

4 取包菜叶，放上胡萝卜丝、蛋皮丝卷好，摆上用盐、生抽、芝麻油拌成的味汁即可。

1　2　3　4

生菜

生菜中含有纤维素、维生素C、甘露醇等营养成分，有利尿和促进血液循环的作用，对于消除人体多余的脂肪也有一定的帮助。

每100克	热量	13Kcal
	碳水化合物	2g
	维生素C	13mg
	胡萝卜素	1.79mg

炝拌生菜

时间：7分钟
热量：60大卡

| 原料 | 生菜150克，蒜瓣30克，干辣椒少许

| 调料 | 生抽4毫升，白醋6毫升，鸡粉、盐各2克，食用油适量

做法 ↘

1 将洗净的生菜叶取下，撕成小块；把蒜瓣切成薄片，再切细末。

2 将蒜末放入碗中，加入生抽、白醋、鸡粉、盐，拌匀。

3 用油起锅，倒入干辣椒，炝出辣味，关火后盛入碗中，制成味汁，待用。

4 取一个盘子，放入生菜，摆放好，把味汁浇在生菜上即可。

生菜苦瓜沙拉

|原料| 苦瓜、生菜各100克，胡萝卜80克，熟白芝麻5克，柠檬片适量

|调料| 白醋4毫升，橄榄油10毫升，盐2克，白糖少许

做法 ↘

1 洗净的苦瓜去籽，切丝；洗净去皮的胡萝卜切丝；洗好的生菜切丝。

2 锅中注水烧开，放入苦瓜，加入盐，煮至断生，捞出，放入凉水中冷却，捞出，沥干水分。

3 将苦瓜装碗，放入胡萝卜、生菜，搅匀，再加入少许盐、白糖、白醋、橄榄油，搅匀。

4 在盘中摆上柠檬片，倒入拌好的食材，再撒上熟白芝麻即可。

时间：9分钟
热量：90大卡

生菜沙拉

|原料| 紫生菜150克，黄瓜120克，圣女果65克，彩椒50克

|调料| 沙拉酱适量

做法 ↘

1 洗净的紫生菜撕成小朵；洗好的彩椒切成粗丝。

2 洗净的圣女果对半切开；洗好的黄瓜切成薄片。

3 取一个大碗，倒入彩椒丝、黄瓜片，放入紫生菜、圣女果。

4 加入适量沙拉酱，拌匀，将拌好的沙拉盛入盘中即成。

时间：7分钟
热量：64大卡

菠菜

菠菜含有大量的植物粗纤维，具有促进肠道蠕动的作用，且能促进胰腺分泌，帮助消化。此外，菠菜提取物具有促进细胞增殖的作用，既抗衰老又能增强青春活力。

每100克		
热量	28Kcal
纤维素	1.7g
胡萝卜素	2.92mg
铁	2.9mg

菠菜沙拉

时间：9分钟
热量：90大卡

| 原料 | 菠菜叶60克，核桃仁10克，大蒜、洋葱碎各8克，红椒碎适量

| 调料 | 橄榄油、食用油各适量，盐、白糖各3克，白洋醋3毫升

做法 ↓

1 沸水锅中加入适量的食用油，倒入洗净的菠菜叶，焯至断生，捞出，放入碗中待用。

2 将洋葱碎、大蒜倒入菠菜叶中，加入盐、白糖、橄榄油、白洋醋，搅拌片刻，待用。

3 往备好的盘中放上模具，往模具中放入拌匀的菠菜叶，压平。

4 慢慢将模具取出，往菠菜叶上撒适量的红椒碎做点缀，旁边放上核桃仁即可。

菠菜甜椒沙拉

时间：10分钟
热量：97大卡

| 原料 |

菠菜60克，西红柿、玉米粒各50克，洋葱40克，彩椒25克

| 调料 |

橄榄油10毫升，蜂蜜、盐各少许

做法 ↓

1 洗净的西红柿切片；洗净的彩椒去籽切丁；处理好的洋葱切小块；洗好的菠菜切小段。

2 锅中倒水烧开，倒入玉米、彩椒、菠菜、洋葱，搅匀，煮至断生，捞出，放入凉水中过凉，捞出。

3 将食材装入碗中，放入少许盐、蜂蜜、橄榄油，快速搅拌均匀，使食材入味。

4 在盘中点缀上西红柿，装入拌好的食材即可。

1　　　2　　　3　　　4

菜心

菜心富含粗纤维、维生素C和胡萝卜素，不但能够刺激肠胃蠕动，起到润肠、助消化的作用，对护肤和养颜也有一定的帮助。

每100克		
热量	24Kcal
纤维素	2g
碳水化合物	3g
蛋白质	3.2g

葱油菜心

时间：9分钟
热量：53大卡

| 原料 | 菜心200克，红椒10克，姜丝、葱段、干辣椒各少许

| 调料 | 盐2克，蒸鱼豉油、食用油各适量

做法 ↘

1 将洗净的红椒切开，去籽，再切细丝；洗好的菜心切除根部，去除老叶。

2 锅中注水烧开，加入少许食用油、盐，倒入菜心，搅散，焯至断生后捞出，沥干水分。

3 用油起锅，爆香干辣椒、葱段、姜丝，倒入红椒丝，炒匀炒透，关火待用。

4 取一个盘子，放入焯熟的菜心，摆好盘，盛入锅中炒熟的材料，食用时淋上蒸鱼豉油即可。

笋菇菜心

时间：12分钟
热量：63大卡

| 原料 |

去皮冬笋180克，水发香菇150克，菜心100克，姜片、蒜片、葱段各少许

| 调料 |

盐2克，鸡粉1克，蚝油5克，生抽、水淀粉各5毫升，芝麻油、食用油各适量

做法 ↘

1 冬笋洗净切段；洗净的香菇去柄，切块。

2 沸水锅中加盐、油，倒入菜心氽至断生，捞出摆盘；再先后倒入香菇、冬笋，氽至断生，捞出。

3 起油锅，爆香姜片、蒜片，倒入香菇、冬笋，翻炒约2分钟至熟，调入生抽、蚝油。

4 将食材炒匀后，锅中注入少许水，调入盐、鸡粉，倒入葱段，加水淀粉、芝麻油炒匀，盛在菜心上即可。

苋菜

苋菜中富含蛋白质、脂肪、糖类及多种维生素和矿物质，能强身健体，提高机体的免疫力，有"长寿菜"之称，适合做轻食，简约而不失营养、健康。

每100克	热量	35Kcal
	胡萝卜素	1.49mg
	镁	38mg
	钙	178mg

椒丝炒苋菜

时间：6分钟
热量：45大卡

| 原料 |

苋菜150克，彩椒40克，蒜末少许

| 调料 |

盐、鸡粉各2克，水淀粉、食用油各适量

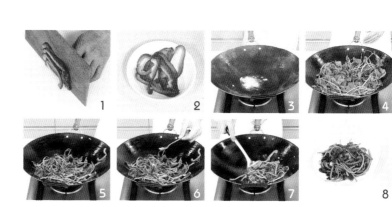

做法 ↘

1 将洗净的彩椒切成丝。

2 把切好的彩椒丝装入盘中，备用。

3 用油起锅，放入蒜末，爆香。

4 倒入择洗干净的苋菜，翻炒至其熟软。

5 放入彩椒丝，翻炒均匀。

6 加入适量盐、鸡粉，炒匀调味。

7 倒入适量水淀粉勾芡。

8 将炒好的菜盛出，装入盘中即可。

莴笋

莴笋是一种能降血糖的"明星"蔬菜，可改善人体中糖的代谢功能。莴笋营养丰富，经常食用还能增进食欲、刺激消化液分泌、促进胃肠蠕动。

每100克	热量	15Kcal
	碳水化合物	2.8g
	胡萝卜素	0.15mg
	钾	212mg

椒油莴笋丝杯

时间：10分钟
热量：43大卡

|原料| 去皮莴笋160克，红椒丝15克，蒜末4克，花椒粒、熟白芝麻各2克

|调料| 陈醋5毫升，盐、鸡粉各2克，白糖4克，食用油10毫升，花椒油适量

做法 ↘

1 将洗净的莴笋切成丝，待用。

2 取容量为250毫升左右的杯子，放入莴笋丝、红椒丝，盖上保鲜膜，即成食材杯；往味碟中放入花椒粒、食用油，盖上保鲜膜，即成椒油杯。

3 将食材杯和椒油杯放入微波炉中，加热2分钟，取出，撕开保鲜膜。

4 取一小碗，放入蒜末、陈醋、盐、鸡粉、白糖，浇上热好的椒油拌匀，制成调味酱，浇在食材上，撒上熟白芝麻即可。

香辣莴笋丝

时间: 9分钟
热量: 59大卡

| 原料 |

莴笋340克，红椒35克，蒜末少许

| 调料 |

盐、鸡粉、白糖各2克，生抽3毫升，辣椒油、亚麻籽油各适量

做法 ↘

1 洗净去皮的莴笋切片，改切丝；洗净的红椒切段，切开，去籽，切成丝。

2 锅中注水烧开，放入适量盐、亚麻籽油，放入莴笋、红椒，煮至食材断生。

3 把煮好的莴笋和红椒捞出，沥干水分，装入碗中，加入蒜末。

4 加入盐、鸡粉、白糖、生抽、辣椒油、亚麻籽油，拌匀装盘即可。

彩椒

彩椒中含有无辣味的化合物彩椒碱，彩椒碱能够促进脂肪作为能源消耗掉，因而有控制体重的作用。

「每100克」	热量	19Kcal
	碳水化合物	6.4g
	蛋白质	1.3g
	纤维素	3.3g

创意彩椒

时间：25分钟
热量：110大卡

|原料|

红彩椒、黄彩椒各200克，鸡肉末、茄子、西葫芦各100克，西红柿250克，奶酪4片，杏叶1片，蒜头2瓣，香菜适量

|调料|

椰子油8毫升，盐2克，胡椒粉3克

做法 ↘

1 洗净的西葫芦、茄子、西红柿均切丁。

2 洗净的蒜头、香菜均剁末。

3 洗好的红彩椒、黄彩椒去籽，留柄，表面切去一小片，以便放置稳固。

4 锅中倒入椰子油烧热，放入蒜末、杏叶爆香。

5 倒入鸡肉末炒1分钟至转色，加盐、胡椒粉调味。

6 倒入茄子、西葫芦、西红柿炒至断生，制成馅料，盛出装碗。

7 取适量馅料填入彩椒中，将彩椒放入烤盘，分别盖上奶酪片。

8 放入微波炉，加热15分钟至熟透，取出，撒上香菜末即可。

彩椒苦瓜沙拉

| 原料 | 彩椒80克，苦瓜70克，生菜30克

| 调料 | 盐2克，沙拉酱少许

做法 ↘

1 洗净的彩椒、苦瓜均切开，去籽，再切片；洗好的生菜切开，切成段。

2 锅中注水烧开，加入盐，倒入苦瓜、彩椒，煮至断生，捞出，放入凉水中过凉，捞出。

3 将食材装入碗中，放入生菜、盐，搅拌均匀，使食材入味。

4 将拌好的食材装入盘中，挤上沙拉酱即可。

时间：8分钟
热量：33大卡

三色彩椒沙拉

| 原料 | 青椒、彩椒、洋葱各50克

| 调料 | 盐2克，沙拉酱10克

做法 ↘

1 洗净的彩椒切成块；洗净的青椒去柄，去籽，切小块；洗好的洋葱切块。

2 锅中注入适量清水烧开，放入青椒、彩椒，焯片刻。

3 关火，将焯好的食材捞出，放入凉水中，冷却后捞出装碗。

4 倒入洋葱，拌匀，加入盐，再次拌匀，将拌好的沙拉放入盘中，挤上沙拉酱即可。

时间：10分钟
热量：113大卡

椰子油拌彩椒

时间：7分钟
热量：46大卡

|原料|
红彩椒、黄彩椒各120克

|调料|
椰子油、柠檬汁、盐、白胡椒粉各适量

做法 ↘

1 洗净的黄彩椒、红彩椒均对半切开去籽，切条，再切小块。

2 煎锅烧热，放入红彩椒、黄彩椒煎至微焦，盛出装入盘中，待用。

3 备好一个大碗，倒入椰子油、柠檬汁，加入适量白胡椒粉、盐，搅拌均匀。

4 倒入彩椒，搅拌片刻，将拌好的彩椒倒入碗中即可。

苦瓜

苦瓜中的有效成分可以抑制正常细胞的癌变，促进突变细胞复原，具有一定的抗癌作用。常食苦瓜还能清热解暑、降低血糖。

每100克	热量	22Kcal
	纤维素	1.4g
	维生素C	56mg
	蛋白质	1g

胡萝卜苦瓜沙拉

时间：10分钟
热量：57大卡

|原 料| 胡萝卜80克，生菜、苦瓜各70克，柠檬汁10毫升

|调 料| 橄榄油10毫升、蜂蜜5克、盐少许

做法 ↘

1 洗净的苦瓜切开，去籽，切丝；洗净去皮的胡萝卜切丝；洗好的生菜切丝。

2 锅中注水，用大火烧开，加入少许盐，倒入苦瓜、胡萝卜，煮至断生。

3 将食材捞出，放入凉水中过凉，捞出，沥干水分，装入碗中，放入备好的生菜。

4 放入少许盐、柠檬汁、蜂蜜、橄榄油，拌匀，装入盘中即可。

苦瓜玉米粒

时间：12分钟
热量：183大卡

|原料|

玉米粒150克，苦瓜80克，彩椒35克，青椒10克，姜末少许，泰式甜辣酱适量

|调料|

盐少许，食用油适量

做法 ↘

1 将洗净的苦瓜切条，去除瓜瓤，再切菱形块；洗好的青椒切丁；洗净的彩椒切丁。

2 锅中注水烧开，倒入洗净的玉米粒，焯一会儿，倒入苦瓜块，放入彩椒丁、青椒丁。

3 再煮约1分钟，至全部食材断生后捞出，沥干水分。

4 起油锅，爆香姜末，倒入焯过水的食材，炒匀，加入少许盐、甜辣酱，炒入味即可。

丝瓜

丝瓜中含防止皮肤老化的B族维生素和增白皮肤的维生素C等成分，能保护皮肤、消除斑块，使皮肤洁白、细嫩。

每100克	热量	20Kcal
	纤维素	0.6g
	维生素C	5mg
	碳水化合物	4.2g

松仁丝瓜

时间：11分钟
热量：169大卡

| 原料 | 丝瓜块90克，松仁20克，胡萝卜片30克，姜末、蒜末各少许

| 调料 | 盐3克，鸡粉2克，水淀粉10毫升，食用油5毫升

做法 ↘

1 沸水锅中加入食用油，倒入洗净的胡萝卜片、丝瓜块，焯至断生，捞出，沥干水分。

2 起油锅，倒入松仁，滑油翻炒片刻，关火，将松仁捞出来，沥干油，装盘待用。

3 锅底留油，放入姜末、蒜末，爆香，倒入胡萝卜片、丝瓜块，炒匀。

4 加入盐、鸡粉，翻炒片刻至入味，倒入水淀粉，炒匀，盛出装盘，撒上松仁即可。

鲜香菇烩丝瓜

时间：10分钟
热量：53大卡

| 原料 |

丝瓜250克，香菇15克，姜片少许

| 调料 |

盐1克，水淀粉、芝麻油各5毫升，
食用油适量

做法 ↘

1 洗净的丝瓜切成两段，去皮，改刀切片；备好的姜片切粒；洗好的香菇去柄，切片。

2 沸水锅中倒入香菇片、丝瓜片，汆烫约1分钟至食材断生，捞出，沥干水分，装盘待用。

3 用油起锅，爆香姜粒，倒入香菇片和丝瓜片翻炒数下，注水至没过锅底，搅匀。

4 加入盐，拌匀调味，用水淀粉勾芡，淋入芝麻油，炒匀提香，盛出即可。

1   2   3   4

黄瓜

黄瓜含有丰富的维生素E，可起到延年益寿、抗衰老的作用。此外，黄瓜中还含有丙醇二酸，可抑制糖类物质转变为脂肪，有利于减肥瘦身。

每100克	热量	16Kcal
	纤维素	0.5g
	维生素C	9mg
	碳水化合物	2.9g

金丝黄瓜卷

时间：20分钟
热量：78大卡

|原料|

黄瓜270克，去皮胡萝卜100克，香菜、姜丝各少许

|调料|

盐12克，白糖8克，鸡粉3克，芝麻油5毫升

1　2　3　4

5　6　7　8

做法 ↘

1 洗净的黄瓜切等长段，去肉取黄瓜皮；胡萝卜切片，改切成丝，待用。

2 取一个碗，倒入黄瓜皮，撒上盐，充分拌匀，腌渍至入味。

3 往腌渍好的黄瓜皮中注入适量的清水。

4 洗去多余的盐分，倒去水分，待用。

5 将黄瓜皮摊开，放入姜丝、胡萝卜、香菜，卷起来，放入盘中待用。

6 锅中注入适量的清水烧热，撒上白糖、鸡粉，淋上芝麻油。

7 充分拌匀，制成调味汁，将调味汁盛入碗中。

8 待凉后将调味汁浇在黄瓜卷上即可。

蒜味黄瓜酸奶沙拉

时间: 6分钟
热量: 64大卡

| 原料 |

黄瓜120克，柠檬45克，酸奶20毫升，茴香65克，蒜末少许

| 调料 |

盐、黑胡椒粉、白糖各2克，橄榄油5毫升

做法 ↘

1 洗净的黄瓜切丁，装碗待用；洗好的茴香切小段。

2 黄瓜丁中加入盐，拌匀，腌渍至渗出水分，把水滤掉，待用。

3 往黄瓜丁中倒入切好的茴香，放入蒜末，挤入柠檬汁。

4 加入黑胡椒粉、橄榄油、白糖，搅拌均匀，将拌好的黄瓜装入碗中，淋上酸奶即可。

1

2

3

4

茄汁黄瓜

| 原料 | 黄瓜120克，西红柿220克
| 调料 | 白糖5克

做法 ↘

1 洗净的西红柿表皮划上十字刀。

2 锅中注水烧开，放入西红柿，稍用水烫一下，捞出，装入盘中，剥去西红柿的表皮，待用。

3 将黄瓜放在砧板上，旁边放一支筷子，可使切黄瓜时不完全切断，用手压一下使其呈散开的片状。

4 将切好的黄瓜摆放在盘子中备用，将西红柿切成瓣，摆放在黄瓜上面，撒上白糖即可。

时间：10分钟
热量：60大卡

鲜蔬配黄油

| 原料 | 樱桃萝卜、黄瓜各100克，芹菜40克
| 调料 | 发酵黄油、芥末黄油、花生黄油各15克

做法 ↘

1 洗净的黄瓜去尾，拦腰切开，切成条，改切成段。

2 洗净的樱桃萝卜切去头尾，切上十字花刀。

3 往盘中摆放上樱桃萝卜、芹菜、黄瓜。

4 再摆放上发酵黄油、芥末黄油、花生黄油即可。

时间：5分钟
热量：162大卡

西红柿

西红柿中含有丰富的抗氧化成分，可以防止自由基对皮肤的破坏，具有明显的美容抗皱效果。经常食用西红柿对于保护视力也有一定的作用。

每100克	热量	20Kcal
	纤维素	0.5g
	维生素C	19mg
	胡萝卜素	0.55mg

扁豆西红柿沙拉

时间：11分钟
热量：122大卡

| 原 料 | 扁豆150克、西红柿70克、玉米粒50克

| 调 料 | 白胡椒粉2克，白醋5毫升，橄榄油9毫升，盐少许，沙拉酱适量

做 法 ↘

1 洗净的扁豆切成块；洗净的西红柿切开，去蒂，再切成小块。

2 锅中注水烧开，倒入扁豆搅匀，煮至断生，捞出，放入凉水中过凉，再次捞出，沥干水分。

3 把玉米倒入开水中，煮至断生，捞出，放入凉开水中过凉，再次捞出，沥干水分备用。

4 将放凉后的食材装入碗中，倒入西红柿，加入少许盐、白胡椒粉、橄榄油、白醋，搅匀调味，装入盘中，挤上沙拉酱即可。

洋葱拌西红柿

时间：5分钟

热量：47大卡

| 原料 |

洋葱85克，西红柿70克

| 调料 |

白糖4克，白醋10毫升

做法 ↘

1 洗净的洋葱切片，再切成丝，待用；洗好的西红柿切成瓣，备用。

2 把洋葱丝装入碗中，加入少许白糖、白醋。

3 搅拌至白糖溶化，腌渍至洋葱入味。

4 碗中倒入西红柿，拌匀，将拌好的食材装入盘中即可。

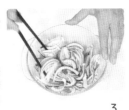

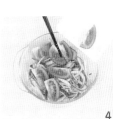

1　2　3　4

胡萝卜

胡萝卜含有植物纤维，吸水性强，在肠道中体积容易膨胀，是肠道中的"充盈物质"，可促进肠道蠕动，从而利膈宽肠、通便防癌。

每100克		
热量	39Kcal
纤维素	1.1g
维生素C	13mg
胡萝卜素	4.13mg

胡萝卜丝炒包菜

时间：8分钟
热量：100大卡

| 原料 | 胡萝卜150克，包菜200克，圆椒35克

| 调料 | 盐、鸡粉各2克，食用油适量

做法 ↘

1 洗净去皮的胡萝卜切成丝；洗好的圆椒切细丝；洗净的包菜切去根部，再切粗丝。

2 用油起锅，倒入胡萝卜，炒匀，再放入包菜、圆椒炒匀。

3 注入少许清水，炒至食材断生，加入少许盐、鸡粉，炒匀调味。

4 关火后盛出炒好的菜肴即可。

胡萝卜西蓝花沙拉

时间: 6分钟
热量: 59大卡

| 原料 |

胡萝卜片70克，西蓝花100克

| 调料 |

芝麻酱、花生酱各15克，白糖2克，
白醋3毫升，盐少许

做法 ↘

1 锅中注入适量的清水，大火烧开。

2 倒入胡萝卜、西蓝花搅匀，余至断生，将食材
捞出放入凉水中过凉，捞出沥干。

3 取一个碗，倒入花生酱、芝麻酱，加入少许
盐、白醋、白糖、凉开水，搅匀制成酱汁。

4 取一个小碟子，摆上胡萝卜片、西蓝花，浇上
调好的酱汁即可食用。

洋葱

洋葱是糖尿病患者的食疗佳蔬，其所含的微量元素硒是一种很强的抗氧化剂，能消除体内的自由基，增强细胞的活力和代谢能力，具有防癌、抗衰老的功效。

每100克	热量	40Kcal
	纤维素	0.9g
	维生素C	8mg
	碳水化合物	9g

玉米拌洋葱

时间: 7分钟
热量: 115大卡

|原料| 玉米粒75克，洋葱条90克，凉拌汁25毫升

|调料| 盐2克，白糖少许，生抽4毫升，芝麻油适量

做法 ↘

1 锅中注入适量清水烧开，倒入洗净的玉米粒，略煮一会儿，放入洋葱条，搅匀。

2 再煮一小会儿，至食材断生后捞出，沥干水分，待用。

3 取一大碗，倒入焯过水的食材，放入凉拌汁，加入少许生抽、盐、白糖，淋入适量芝麻油。

4 快速搅拌一会儿至食材入味，将拌好的菜肴盛入盘中，摆好盘即成。

洋葱蘑菇沙拉

时间：12分钟
热量：226大卡

| 原料 |

黄瓜、杏鲍菇各70克，香菇、奶酪各50克，口蘑40克，洋葱30克，意大利香草调料10克

| 调料 |

盐、白糖各2克，橄榄油、香醋各4毫升，黑胡椒粉适量

做法 ↘

1 杏鲍菇洗净切条；香菇洗净去柄，切丁；口蘑洗净切片；奶酪切块；黄瓜洗净切丁；洋葱切片。

2 锅中注水烧开，倒入杏鲍菇、香菇、口蘑，搅匀，余至断生，捞出，沥干水分，再过一道凉水。

3 碗中倒入余熟的食材，放入洋葱、黄瓜、奶酪，拌匀，加入盐、黑胡椒粉、橄榄油。

4 淋上香醋，放入白糖，拌至入味，装入盘中，撒上意大利香草调料即可。

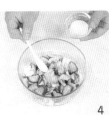

芦笋

芦笋被认为是健康食品和抗癌食品，还含有大量纤维素和维生素，有很好的抗氧化和排毒作用。

每100克	热量	22Kcal
	纤维素	1.9g
	维生素C	45mg
	碳水化合物	4.9g

芦笋炒莲藕

时间：9分钟
热量：148大卡

| 原 料 | 芦笋100克，莲藕160克，胡萝卜45克，蒜末、葱段各少许

| 调 料 | 盐3克，鸡粉2克，水淀粉3毫升，食用油适量

做法 ↘

1 将洗净的芦笋去皮，切成段；洗好去皮的莲藕切成丁；洗净的胡萝卜去皮，切成丁。

2 锅中注水烧开，加少许盐，放入藕丁、胡萝卜搅匀，煮1分钟至其八成熟，捞出，待用。

3 用油起锅，放入蒜末、葱段，爆香，放入芦笋，倒入焯好的藕丁和胡萝卜丁，翻炒均匀。

4 加入适量盐、鸡粉炒匀调味，倒入适量水淀粉拌炒均匀，装入盘中即可。

香草芦笋口蘑沙拉

| 原料 |

芦笋、口蘑各90克，西生菜40克，洋葱丝、红彩椒块、黄彩椒块、蒜末各20克，迷迭香5克

| 调料 |

盐、黑胡椒粉、白糖各3克，蜂蜜5克，白洋醋5毫升，法国黄芥末10克，橄榄油适量

做法 ↘

1 洗净的口蘑切去柄部，切成厚片；洗净的芦笋斜刀切片。

2 锅中注水烧开，加入适量盐，倒入口蘑、芦笋，焯至断生，捞出放入凉水中过凉。

3 碗中倒入迷迭香、蒜末、洋葱丝、红彩椒块、黄彩椒块，加入白洋醋、盐、黑胡椒粉。

4 放入白糖、蜂蜜、法国黄芥末，倒入焯好的食材，拌匀，淋上橄榄油，再次拌匀，盛在摆有西生菜的盘中即可。

莲藕

莲藕会散发出一种独特的清香，还含有鞣质，有益于胃纳不佳、食欲不振者恢复健康。其所含的黏液蛋白和纤维素，能减少人体对脂类的吸收，有助于纤体瘦身。

每100克		
热量	73Kcal
纤维素	1.2g
维生素C	44mg
碳水化合物	16.4g

| 原料 |

去皮莲藕180克，水发石花菜50克，熟黑芝麻5克

| 调料 |

椰子油10毫升，生抽、味醂各5毫升

黑芝麻拌莲藕石花菜

时间：12分钟
热量：166大卡

做法 ↓

1 莲藕切片，将切好的莲藕片浸泡在水中，以去除多余淀粉。

2 泡好的石花菜切碎。

3 锅中注入适量清水烧开，倒入沥干水分的莲藕片，汆烫约半分钟。

4 倒入切好的石花菜，汆烫约半分钟至食材断生。

5 捞出汆烫好的莲藕片和石花菜，浸泡在凉开水中降温。

6 将莲藕片和石花菜沥干水分，装碗，待用。

7 在莲藕片和石花菜中加入椰子油、生抽、味醂、黑芝麻，拌匀。

8 将拌匀的食材装碗即可。

秋葵

秋葵是公认的营养保健蔬菜，有帮助消化、增强体力、保护肝脏、健胃整肠的作用。经常食用秋葵对皮肤也有保健作用，可使皮肤美白、细嫩。

每100克		
热量	45Kcal
纤维素	3.9g
维生素C	4mg
胡萝卜素	0.31mg

凉拌秋葵

时间：8分钟
热量：48大卡

| 原料 | 秋葵100克，朝天椒5克，姜末、蒜末各少许

| 调料 | 盐2克，鸡粉1克，香醋4毫升，芝麻油3毫升，食用油适量

做法 ↘

1 洗好的秋葵切成小段；洗净的朝天椒切小圈。

2 锅中注水，加入盐、食用油，烧开，倒入秋葵，拌匀，汆一会至断生，捞出。

3 在装有秋葵的碗中加入切好的朝天椒、姜末、蒜末。

4 加入盐、鸡粉、香醋，再淋入芝麻油，充分拌匀至秋葵入味，装入盘中即可。

盐烤秋葵

|原料| 秋葵170克

|调料| 盐2克，黑胡椒粉少许，橄榄油适量

做法 ↘

1 将洗净的秋葵斜刀切段。

2 锅中注水烧开，倒入秋葵焯一会儿，捞出。

3 烤盘中铺好锡纸，倒入秋葵，加入盐、黑胡椒粉、橄榄油，拌匀，推入预热好的烤箱，上、下火温度均调为180℃，烤约20分钟至食材熟透。

4 断电后打开箱门，取出烤盘，稍微冷却后将菜肴盛入盘中，摆好盘即成。

时间：27分钟
热量：63大卡

蒜香豆豉蒸秋葵

|原料| 秋葵250克，豆豉20克，蒜泥少许

|调料| 蒸鱼豉油、橄榄油各适量

做法 ↘

1 洗净的秋葵斜刀切段，装入盘中，摆好，待用。

2 热锅内注入橄榄油烧热，爆香蒜泥、豆豉，关火，将炒好的蒜油浇在秋葵上。

3 蒸锅上火烧开，放入秋葵，盖上锅盖，大火蒸20分钟至熟透。

4 掀开锅盖，将秋葵取出，淋上适量的蒸鱼豉油即可。

时间：26分钟
热量：144大卡

百合

百合中含有多种营养物质，如矿物质、维生素等，这些物质能促进机体营养代谢，增强机体的抗疲劳、耐缺氧能力。其成分百合苷有镇静和催眠的作用。

每100克	热量	166Kcal
	纤维素	1.7g
	维生素C	18mg
	碳水化合物	38.8g

红枣蒸百合

时间: 26分钟
热量: 372大卡

| 原料 | 鲜百合50克，红枣80克

| 调料 | 冰糖20克

做法 ↘

1 电蒸锅注水烧开，上汽后放入洗净的红枣。

2 盖上锅盖，调转旋钮定时蒸20分钟，待20分钟后，掀开锅盖，将红枣取出。

3 将备好的百合、冰糖摆放到红枣上，再次放入烧开的电蒸锅中。

4 盖上锅盖，调转旋钮定时再蒸5分钟，待5分钟后，掀开锅盖，取出即可。

仙人掌百合烧大枣

时间：12分钟
热量：127大卡

|原料|

胡萝卜100克，食用仙人掌180克，鲜百合50克，大枣45克，姜片、葱段各少许

|调料|

盐2克，鸡粉3克，水淀粉5毫升，芝麻油3毫升，食用油适量

做法 ↘

1 洗净去皮的胡萝卜切平整，切斜段，再改切成片；洗净去皮的仙人掌切成小块。

2 锅中注水烧开，倒入胡萝卜、仙人掌、大枣、百合，搅匀，煮沸，把焯过水的食材捞出。

3 用油起锅，爆香葱段、姜片，倒入焯过水的食材，炒匀，放入盐、鸡粉，炒匀调味。

4 放入水淀粉，勾芡，加入芝麻油，再次炒匀，关火后将炒好的菜肴盛出装盘即可。

杏鲍菇

杏鲍菇中蛋白质含量高，且氨基酸种类齐全，能提高人体免疫力。经常食用杏鲍菇，有助于胃酸的分泌和食物的消化。

每100克	热量	24Kcal
	纤维素	4.3g
	碳水化合物	7.4g
	蛋白质	1.3g

野山椒杏鲍菇

时间：9分钟
热量：50大卡

| 原料 | 杏鲍菇120克，野山椒30克，尖椒2个，葱丝少许

| 调料 | 盐、白糖各2克，鸡粉3克，陈醋、食用油、料酒各适量

做法 ↘

1 洗净的杏鲍菇切片；洗好的尖椒切小圈；野山椒剁碎。

2 锅中注水烧开，倒入杏鲍菇，淋入料酒，焯片刻后捞出，放入凉水中降温。

3 倒出清水，加入野山椒、尖椒、葱丝，加入盐、鸡粉、陈醋、白糖、食用油，拌匀。

4 用保鲜膜密封好，放入冰箱冷藏片刻，取出，撕去保鲜膜，装盘，放上葱丝即可。

手撕杏鲍菇

时间：15分钟
热量：70大卡

|原 料|

杏鲍菇200克，青椒、红椒各15克，蒜末少许，西红柿适量

|调 料|

生抽、陈醋各5毫升，白糖、盐各2克，芝麻油少许

做法 ↘

1 洗净的杏鲍菇切条；洗净的青椒、红椒均切开去籽，切丝，再切成末。

2 蒸锅加水，上火烧开，放入杏鲍菇，大火蒸10分钟至熟，将杏鲍菇取出放凉。

3 碗中倒入蒜末、青椒、红椒，拌匀，加入生抽、白糖、陈醋、盐、芝麻油，搅匀调成味汁。

4 将杏鲍菇撕成段；取一个碗，摆上西红柿做装饰，放入杏鲍菇，浇上调好的味汁即可。

蟹味菇

蟹味菇含有多种维生素、氨基酸和生物活性成分，其根部以上部分的提取物能促进身体形成抗氧化剂，具有美颜、延缓衰老的功效。

每100克	热量	31Kcal
	纤维素	3.3g
	蛋白质	2.9g
	碳水化合物	3.2g

蟹味菇炒小白菜

时间：9分钟
热量：138大卡

|原料| 小白菜500克，蟹味菇250克，姜片、蒜末、葱段各少许

|调料| 生抽5毫升，盐、鸡粉、水淀粉、白胡椒粉各5克，蚝油、食用油各适量

做法 ↘

1 洗净的小白菜切去根部，再对半切开。

2 锅中注水烧开，加入盐、食用油，倒入小白菜焯至断生，捞出；再将蟹味菇焯水，捞出。

3 起油锅，爆香姜片、蒜末、葱段，放入蟹味菇，炒匀，加入蚝油、生抽，炒匀。

4 锅中再注水，加入盐、鸡粉、白胡椒粉、水淀粉，翻炒约2分钟至熟，盛出装入摆放有小白菜的盘子中即可。

什锦蒸菌菇

时间：10分钟
热量：90大卡

| 原料 |

蟹味菇90克，杏鲍菇80克，秀珍菇70克，香菇50克，胡萝卜30克，葱段、姜片各5克，葱花3克

| 调料 |

盐、鸡粉、白糖各3克，生抽10毫升

做法 ↘

1 洗净的杏鲍菇切条；洗好的秀珍菇切条；洗净的香菇切片；洗好的胡萝卜切条。

2 取一个空碗，倒入杏鲍菇、秀珍菇、香菇、胡萝卜和洗净的蟹味菇，放入姜片和葱段。

3 加入生抽、盐、鸡粉、白糖，拌匀，腌渍至入味，将腌好的菌菇装盘。

4 将菌菇放入已烧开水的电蒸锅中，调好时间旋钮，蒸5分钟至熟，取出，撒上葱花即可。

1　　2　　3　　4

干木耳

木耳富含纤维素、铁质，经常食用，有清胃涤肠的功效，还能补血益气、增强机体免疫力。

每100克		
	热量	265Kcal
	纤维素	30g
	镁	0.15mg
	钙	247mg

凉拌木耳

时间：8分钟
热量：46大卡

|原料| 水发木耳120克，胡萝卜45克，香菜15克

|调料| 盐、鸡粉各2克，生抽5毫升，辣椒油7毫升

做法 ↘

1 将洗净的香菜切长段；去皮洗净的胡萝卜切薄片，改切细丝。

2 锅中注水烧开，放入洗净的木耳，拌匀，煮约2分钟，至其熟透后捞出，沥干水分。

3 取一个大碗，放入焯好的木耳，倒入胡萝卜丝、香菜段，加入少许盐、鸡粉。

4 淋入适量生抽，倒入少许辣椒油，快速搅拌一会儿至食材入味，盛入盘中即成。

黄瓜炒木耳

时间：7分钟
热量：63大卡

| 原料 |

黄瓜180克，水发木耳100克，胡萝卜40克，姜片、蒜片、葱段各少许

| 调料 |

盐、鸡粉、白糖各2克，水淀粉10毫升，食用油适量

做法 ↘

1 洗好去皮的胡萝卜切段，再切成片；洗净的黄瓜切开，去瓤，用斜刀切段。

2 用油起锅，倒入姜片、蒜片、葱段，爆香，放入胡萝卜，炒匀，倒入洗好的木耳，炒匀。

3 加入备好的黄瓜，炒匀，加入少许盐、鸡粉、白糖，炒匀调味。

4 倒入适量水淀粉，翻炒均匀，关火后盛出炒好的菜肴即可。

干银耳

银耳富含纤维素，可促进肠道蠕动，加速脂肪分解，有利于减肥。此外，银耳含天然特性胶质，有祛除脸部黄褐斑、雀斑的功效。

『每100克』	热量	200Kcal
	纤维素	30g
	钾	1.59mg
	蛋白质	10g

银耳素烩

时间：42分钟
热量：91大卡

| 原料 | 水发银耳、去皮胡萝卜各80克，去皮莴笋70克，海苔20克，清汤100毫升

| 调料 | 盐1克，水淀粉5毫升，食用油适量

做法 ↘

1 泡好的银耳去根，撕成小块；将莴笋、胡萝卜修齐成均匀的圆柱体，再切圆片。

2 锅中加清汤烧热，加盐，倒银耳煮至沸腾，捞出；用清汤泡海苔；待清汤再次沸腾时倒入切好的莴笋片、胡萝卜片，煮熟，捞出。

3 银耳入蒸锅蒸30分钟后取出；在银耳两侧摆放好莴笋片、胡萝卜片，两边放入海苔。

4 加热锅中余汤，用水淀粉勾芡，淋入食用油搅匀，再淋在食材上即可。

柠檬银耳浸苦瓜

时间: 6分钟
热量: 64大卡

|原料|

苦瓜140克，水发银耳100克，柠檬50克，红椒圈少许

|调料|

盐2克，白糖4克，白醋10毫升

做法 ↘

1 洗净的苦瓜切开，去瓤，再切片；洗好的柠檬切薄片；泡发的银耳去根，撕成小块。

2 取一个碗，倒入白醋、白糖、盐，搅拌至白糖溶化，制成味汁，待用。

3 另取一个大碗，倒入苦瓜、银耳，放入柠檬片。

4 放入红椒圈，倒入味汁，搅拌均匀，将拌好的食材装入盘中即可。

1

2

3

4

魔芋

魔芋是一种低热量、低脂肪、高纤维素的轻食食材，有减肥健身、防癌抗癌等功效。用魔芋做成的菜肴味道鲜美、口感佳，很受轻食主义者欢迎。

每100克	热量	6Kcal
	碳水化合物	3g
	脂肪	0g
	蛋白质	0.2g

素烧魔芋结

时间：15分钟
热量：56大卡

|原料|

魔芋小结150克，油菜110克，红椒30克，香菇15克，葱段少许

|调料|

盐、鸡粉各2克，芝麻油5毫升，水淀粉、食用油各适量

做法 ↘

1 洗好的油菜对半切开；洗净的香菇划十字花刀；洗好的红椒切丁。

2 取一个碗，倒入适量清水，放入魔芋小结，清洗片刻后捞出。

3 锅中注入适量清水烧开，倒入魔芋小结，焯片刻后捞出。

4 倒入香菇，焯片刻后捞出。

5 放入油菜，焯片刻，关火后捞出。

6 油菜加盐、食用油，搅匀，在盘底摆出花瓣状。

7 起油锅，倒入香菇炒香，加入葱段、红椒炒匀，倒入魔芋小结炒匀。

8 加入适量清水、盐、鸡粉炒匀，倒入水淀粉、芝麻油，炒熟装盘即可。

魔芋豆芽沙拉

时间：8分钟
热量：26大卡

| 原料 |

魔芋豆腐70克，绿豆芽50克，生菜
30克，葡萄、圣女果各适量

| 调料 |

沙拉酱少许

做法 ↘

1 洗净的魔芋豆腐切片，再切成条。

2 锅中注入适量清水，用大火烧开，倒入魔芋、绿豆芽，搅匀，煮至断生。

3 将食材捞出，放入凉水中降温，捞出，沥干水分，装入碗中。

4 把生菜叶摆入盘中，倒入食材，摆上葡萄、圣女果，再挤上沙拉酱即可。

第三章

荤食

享受也能享瘦：

"简单不复杂，美味又健康"是轻食的主打概念，除了蔬菜和水果可以带给您健康轻盈的体态外，正确吃肉同样能让您越吃越瘦！肉类中的蛋白质是人体所必需的营养素，少了这一营养物质，您的瘦身计划反而会进展缓慢。本章推荐的这些荤食将让您不再谈肉色变！

牛肉

牛肉含有蛋白质、牛磺酸、B族维生素、磷、钙、铁等营养成分，具有增强抵抗力、补脾胃、益气血、强筋骨等功效，是营养与低热量兼备的食材。

每100克		
热量	125Kcal
脂肪	4.2g
蛋白质	19.9g
胆固醇	84mg

苦菊炒牛肉

时间：8分钟
热量：175大卡

| 原料 |

苦菊150克，牛肉100克，柠檬50克，红葱头2个

| 调料 |

盐、黑胡椒粉各2克，椰子油8毫升

做法 ↓

1 苦菊洗净去根部，切成两段，拣去老叶。

2 洗净的柠檬对半切开；红葱头洗净切片。

3 牛肉洗净切薄片，对半切开。

4 热锅中倒入椰子油，烧热，放入牛肉片，翻炒至半熟。

5 锅中调入盐、黑胡椒粉。

6 倒入红葱头，翻炒半分钟至香味飘出。

7 倒入切好的苦菊，翻炒数下，取一半柠檬，挤入柠檬汁，翻炒均匀。

8 关火后盛出菜肴，装盘，在一侧放入另一半柠檬，食用时挤入汁液即可。

山楂菠萝炒牛肉

时间: 10分钟
热量: 300大卡

| 原料 |

菠萝600克, 牛肉片200克, 水发山楂片25克, 圆椒少许

| 调料 |

番茄酱30克, 盐3克, 鸡粉2克, 料酒6毫升, 食粉少许, 水淀粉、食用油各适量

做法 ↘

1 事先将牛肉片装碗, 加入盐、料酒、食粉、水淀粉、食用油, 腌渍至入味。

2 圆椒洗净切小块, 菠萝洗净对半切开, 取一半挖空果肉, 制成菠萝盅, 再把菠萝肉切小块。

3 热锅注油, 烧至四五成热, 倒入牛肉, 炒至转色, 倒入圆椒炸香, 盛出。

4 锅底留油烧热, 倒入山楂片、菠萝肉、番茄酱、滑过油的食材, 炒匀, 淋入料酒, 加入盐、鸡粉、水淀粉, 炒匀, 关火后装入菠萝盅即成。

红酒煮牛肉

时间：35分钟
热量：170大卡

|原料|

牛肉块110克，胡萝卜块80克，洋葱块、西芹块各60克，大蒜、面粉各20克，迷迭香5克，红酒70毫升

|调料|

黄油、橄榄油各适量，盐、黑胡椒粉各3克，鸡汁5毫升，番茄酱5克

做法 ↘

1 热锅中放入黄油，加热熔化，爆香蒜末，放入牛肉块，炒匀。

2 锅中注入橄榄油，倒入胡萝卜、洋葱、西芹块、面粉，炒匀，加入红酒、清水、迷迭香拌匀。

3 大火煮开后转小火煮20分钟，挤入番茄酱，调入盐、黑胡椒粉、鸡汁，拌至入味。

4 续煮10分钟至收汁入味，关火后将菜肴盛入碗中即可。

牛肉芦笋卷

时间：15分钟
热量：141大卡

| 原料 |

牛排片120克，芦笋70克

| 调料 |

食用油适量

做法 ↘

1 芦笋洗净切段；用处理腌制好的牛排片包起芦笋段，卷成卷，再串成肉串，制成芦笋卷生坯。

2 烤盘中铺好锡纸，刷上底油，放入芦笋卷生坯，摆好。

3 将烤盘放入烤箱中，选择"炉灯+热网" 和 "双管发热"图标，用200℃烤约10分钟。

4 取出烤熟的食材，待稍微冷却后装入盘中即可。

1 2 3 4

金针菇烤牛肉卷

时间: 12分钟
热量: 264大卡

| 原料 |

牛肉400克，金针菇100克，西芹30克，胡萝卜1根

| 调料 |

烤肉酱10克，烧烤粉5克，生抽5毫升，孜然粉、食用油各适量

做法 ↘

1 金针菇洗净去根部；西芹洗净，去老皮，再切成小条；胡萝卜洗净切小条；牛肉洗净切薄片。

2 牛肉铺在砧板上，放上适量金针菇、西芹、胡萝卜，卷成卷，并用牙签固定。

3 烧烤架上刷适量食用油，放上牛肉卷，烤2分钟后翻转牛肉卷，刷上食用油、生抽、烤肉酱，再撒上烧烤粉、孜然粉，烤2分钟。

4 翻转牛肉卷，刷上生抽、烤肉酱、烧烤粉、孜然粉，烤2分钟，再刷上食用油，烤1分钟即可。

鸡胸肉

鸡肉含有丰富的蛋白质、脂肪、维生素、钙、磷、铁等营养成分，具有温中补脾、补肾益精、行气补血等功效。

每100克	热量	133Kcal
	脂肪	5g
	蛋白质	19.4g
	胆固醇	82mg

鸡肉彩椒盅

时间：8分钟
热量：250大卡

| 原 料 |
鸡脯肉片95克，红彩椒60克，黄彩椒45克，圆椒40克，蒜末少许

| 调 料 |
料酒4毫升，盐、黑胡椒各2克，食用油适量

做法 ↘

1. 圆椒洗净切开，去籽，切成粒。

2. 黄彩椒洗净切开，去籽，切成条后再改切成丁。

3. 红彩椒底部修平，从顶部的四分之一处平切开。

4. 去籽，制成彩椒盅。

5. 用油起锅，倒入蒜末、鸡脯肉，炒香，淋入料酒翻炒均匀。

6. 放入黄彩椒、圆椒，搅拌均匀。

7. 加入盐、黑胡椒，翻炒调味。

8. 将炒好的馅料装入彩椒盅内即可。

开心果鸡肉沙拉

时间：10分钟
热量：329大卡

| 原料 |

鸡肉、苦菊各300克，柠檬50克，开心果仁25克，圣女果20克，酸奶20毫升

| 调料 |

胡椒粉1克，料酒、橄榄油各5毫升，芥末少许

做法 ↘

1 洗好的圣女果去蒂，对半切开；洗净的苦菊切段；洗好的鸡肉切粗条，再切大块。

2 锅中注水烧开，倒入鸡肉、料酒拌匀，煮约4分钟，氽去血水，捞出，装盘待用。

3 将柠檬汁挤在酸奶中，加入胡椒粉、芥末、橄榄油，拌匀，制成沙拉酱。

4 取一个碗，放入苦菊、开心果仁、鸡肉、圣女果，再放入适量沙拉酱即可。

鸡肉拌黄瓜

时间：5分钟
热量：163大卡

| 原料 | 黄瓜80克，熟鸡肉70克，红椒30克，蒜末20克，香菜10克

| 调料 | 白糖2克，芝麻油、盐、鸡粉各适量

做法 ↘

1 黄瓜洗净切粗丝；红椒洗净切开去籽，切丝；熟鸡肉用手撕成小块。

2 取一个碗，放入黄瓜丝、鸡肉块、红椒丝、蒜末，调入盐、鸡粉、白糖。

3 淋上少许芝麻油，拌匀。

4 取一个盘子，倒入拌好的食材，再放上备好的香菜即可。

秋葵鸡肉沙拉

时间：11分钟
热量：167大卡

| 原料 | 西红柿110克，鸡胸肉块100克，秋葵90克，柠檬35克

| 调料 | 盐2克，芥末酱10克，黑胡椒粉少许，橄榄油、食用油各适量

做法 ↘

1 秋葵洗净去头尾，切段；西红柿洗净切小块；用油起锅，放入鸡胸肉块，煎至两面断生。

2 另起一锅，锅中注入适量清水烧开，放入切好的秋葵，煮至断生，捞出。

3 取一个大碗，倒入焯熟的秋葵、鸡肉块、西红柿块拌匀，挤入柠檬汁，加入盐、芥末酱。

4 撒上黑胡椒粉，淋入橄榄油，搅拌至食材入味后盛入盘中，摆好盘即可。

香菇口蘑烩鸡片

时间：12分钟
热量：167大卡

|原料|

鸡胸肉230克，口蘑65克，香菇45克，彩椒20克，姜片、葱段各少许

|调料|

盐、鸡粉各2克，胡椒粉1克，水淀粉、料酒各少许，食用油适量

做法 ↘

1 彩椒洗净切大块；香菇洗净去蒂，切小块；口蘑洗净切小块；鸡胸肉洗净切块。

2 锅中注入清水烧开，倒入香菇、口蘑，煮约1分钟，捞出。

3 起油锅，爆香姜片、葱段，放入鸡胸肉、料酒炒变色，注入清水，倒入香菇、口蘑、彩椒拌匀。

4 盖上盖，煮约5分钟，调入盐、鸡粉、胡椒粉、水淀粉，拌匀至其入味，关火后盛出即可。

圣女果芦笋鸡柳

时间：10分钟
热量：165大卡

| 原料 |

鸡胸肉220克，芦笋100克，圣女果40克，葱段少许

| 调料 |

盐3克，鸡粉少许，料酒6毫升，水淀粉、食用油各适量

做法 ↘

1 芦笋洗净斜刀切长段；圣女果洗净对半切开。

2 事先将鸡胸肉洗净切成条，装入碗中，加入盐、水淀粉、料酒拌匀，腌渍至入味。

3 热锅注油，烧至四五成热，放入鸡肉条搅散，再倒入芦笋段，炸至食材断生后捞出。

4 用油起锅，爆香葱段，倒入炸好的材料，大火快炒，放入圣女果、盐、鸡粉、料酒炒匀，加水淀粉勾芡，关火后盛出即成。

鸡蛋

鸡蛋含有蛋白质、卵磷脂、卵黄素、胆碱、B族维生素、硒、锌等营养成分，具有提高记忆力、健脑益智、保护肝脏等功效。

『每100克』	热量	144Kcal
	脂肪	8.8g
	蛋白质	13.3g
	磷	130mg

魔鬼蛋

时间：26分钟
热量：244大卡

| 原料 |

鸡蛋3个，黄彩椒、红彩椒、法式芥末酱各15克，蛋黄酱30克，柠檬草叶适量

| 调 料 |

盐、鸡粉、胡椒粉、橄榄油、白洋醋各适量

做 法 ↘

1 红彩椒、黄彩椒洗净切粒。

2 奶锅中注入清水，大火烧开，放入鸡蛋，盖上盖，煮20分钟。

3 将鸡蛋捞出，剥去蛋壳，将鸡蛋对半切开，将蛋黄装入碗中。

4 蛋白底部切平。

5 往装有蛋黄的碗中加入鸡粉、胡椒粉、盐、蛋黄酱、法式芥末酱。

6 淋入白洋醋、橄榄油，搅匀至入味。

7 装入裱花袋，剪去袋尖，将蛋黄泥挤入鸡蛋白中。

8 撒上彩椒粒，插上柠檬草叶装饰即可。

西红柿鸡蛋橄榄沙拉

时间：7分钟
热量：115大卡

| 原料 |

西红柿100克，罗勒叶、洋葱各少许，熟鸡蛋1个，去核黑橄榄20克

| 调料 |

盐、黑胡椒各1克，橄榄油少许

做法 ↘

1 西红柿洗净切片；洋葱洗净拆成圈；黑橄榄去核切成小圈。

2 熟鸡蛋切粗片，备用。

3 在西红柿上依次放上切好的洋葱、鸡蛋、黑橄榄。

4 撒上盐，淋入橄榄油，撒上黑胡椒，放上罗勒叶点缀即可。

1

2

3

4

牛奶蒸鸡蛋

时间：25分钟
热量：319大卡

| 原料 |

鸡蛋2个，牛奶250毫升，提子、哈密瓜各适量

| 调料 |

白糖少许

做法 ↘

1 将鸡蛋打入碗中，打散调匀；提子洗净，对半切开；用挖勺将哈密瓜挖成小球状。

2 把白糖倒入牛奶中，搅匀后倒入蛋液中，再次搅拌均匀。

3 取出电饭锅，注水后放上蒸笼，放入牛奶蛋液，加盖，按下"功能"键，选定"蒸煮"功能。

4 20分钟后，按"取消"键断电，取出蒸好的食材，放上切好的提子和挖好的哈密瓜即可。

1

2

3

4

西红柿双椒烤蛋

时间：18分钟
热量：225大卡

| 原料 |

西红柿130克，红椒40克，洋葱35克，青椒25克，鸡蛋2个，蒜片少许

| 调料 |

盐2克，鸡粉、胡椒粉各少许，食用油适量

做法 ↘

1 红椒、青椒洗净切开，去籽，切丁；洋葱洗净切丝；西红柿洗净切丁。

2 用油起锅，爆香蒜片，倒入洋葱丝、青椒丁、红椒丁、西红柿炒透，注水搅匀，大火略煮，调入盐、鸡粉、胡椒粉，煮至食材熟软。

3 烤盘中铺好锡纸，盛入锅中的食材，分成两垛，做好造型，打入鸡蛋，推入预热好的烤箱中。

4 用上、下火200℃烤约10分钟，断电后取出烤盘，稍凉后将烤好的菜肴装在盘中即成。

金枪鱼鸡蛋杯

时间: 13分钟
热量: 251大卡

|原料|

金枪鱼肉60克，西蓝花120克，彩椒10克，洋葱20克，熟鸡蛋2个，沙拉酱30克

|调料|

黑胡椒粉、食用油各适量

做法 ↘

1 熟鸡蛋对半切开，挖去蛋黄，留蛋白；彩椒洗净切粒；洋葱洗净去皮，切粒；金枪鱼肉洗净切丁。

2 锅中注水烧开，淋入食用油，倒入西蓝花，煮约2分钟至断生，捞出。

3 将金枪鱼装入碗中，放入洋葱、彩椒、沙拉酱，撒入黑胡椒粉拌匀，制成沙拉。

4 将西蓝花摆入盘中，放上蛋白，将拌好的沙拉放在蛋白中即可。

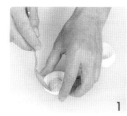

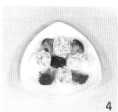

1   2   3   4

鲫鱼

鲫鱼含有丰富的蛋白质，而且易于人体消化，氨基酸含量也很高，对促进智力发育、降低胆固醇和血液黏稠度、预防心脑血管疾病具有显著的作用。

每100克		
● 热量	108Kcal
● 脂肪	2.7g
● 蛋白质	17.1g
● 钙	79mg

鲫鱼蒸蛋

时间：25分钟
热量：185大卡

| 原 料 |

鲫鱼200克，鸡蛋液100克，葱花少许

| 调 料 |

料酒3毫升，芝麻油4毫升，老抽5毫升，胡椒粉、盐各少许

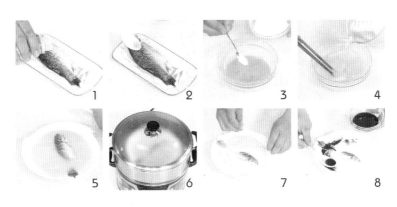

做法 ↘

1 鲫鱼两面打上一字花刀，撒上盐，加入胡椒粉，抹匀。

2 淋上料酒，再次抹匀，腌渍至入味。

3 在蛋液中加入盐，打散，搅匀。

4 注入适量的清水，搅匀。

5 取一个碗，倒入蛋液，放入鲫鱼，用保鲜膜将碗口包住，待用。

6 电蒸锅注水烧开，放入食材，盖上盖，调转旋钮定时20分钟。

7 将食材从蒸锅中取出，撕去保鲜膜。

8 淋上芝麻油、老抽，撒上备好的葱花即可。

草鱼

草鱼含有蛋白质、不饱和脂肪酸、钙、磷、铁等营养成分，具有促进血液循环、平降肝阳、滋补开胃等功效。

每100克		
● 热量	113Kcal
● 脂肪	5.2g
● 蛋白质	16.6g
● 胆固醇	86mg

芦笋鱼片卷蒸滑蛋

时间: 17分钟
热量: 216大卡

| 原料 | 草鱼肉200克，鸡蛋120克，芦笋80克，胡萝卜50克，枸杞、姜丝各少许

| 调料 | 盐、鸡粉各3克，胡椒粉少许，生粉20克，蒸鱼豉油15毫升，水淀粉、芝麻油、食用油各适量

做法 ↘

1 鸡蛋加盐、鸡粉、清水、胡椒粉、芝麻油，制成蛋液；芦笋切取笋尖；胡萝卜切片；事先将草鱼肉切片，加盐、鸡粉、水淀粉、油腌渍。

2 沸水锅加入盐、食用油、胡萝卜、芦笋，煮半分钟捞出；砧板撒生粉，铺上鱼片，滚生粉，放芦笋卷好。

3 蒸锅上火烧开，放入蛋液碗，小火蒸7分钟，再放入枸杞、鱼卷生坯。

4 撒上胡萝卜片、姜丝，中火再蒸约3分钟，取出，浇上蒸鱼豉油即成。

三色鱼泥酿芥菜

| 原料 | 芥菜梗130克，草鱼泥80克，虾仁泥50克，香菇碎30克，姜末3克

| 调料 | 盐、白糖各3克，鸡粉5克，干淀粉10克，水淀粉5毫升，料酒、食用油各10毫升

做法 ↘

1 碗中倒入鱼泥、虾仁泥和香菇碎、料酒、白糖、姜末、干淀粉、鸡粉、盐，制成肉馅。

2 芥菜梗洗净放在蒸盘中，放入肉馅，做好造型，放入备好的蒸锅中，加盖，蒸至食材熟透，取出。

3 锅中注水烧开，放入余下的鸡粉、盐。

4 注入备好的食用油、水淀粉，调成味汁，关火后浇在蒸熟的菜肴上即可。

时间：17分钟
热量：153大卡

青椒兜鱼柳

| 原料 | 草鱼柳150克，青椒70克，红甜椒5克

| 调料 | 盐2克，鸡粉3克，水淀粉、胡椒粉、料酒、食用油各适量

做法 ↘

1 青椒洗净去籽，切成小块；红甜椒洗净切成小块。

2 事先将鱼柳洗净切块，放入碗中，加入料酒、水淀粉、鸡粉，拌匀，腌渍至入味。

3 用油起锅，放入青椒、红甜椒，炒香，倒入鱼柳，翻炒约3分钟至熟。

4 调入盐、胡椒粉、水淀粉，翻炒约1分钟至入味，关火，将炒好的菜盛入盘中即可。

时间：9分钟
热量：194大卡

带鱼

带鱼肉多且细，含蛋白质、鸟嘌呤、镁等物质，能预防心血管疾病，可以强健骨骼、提高智力、防癌抗癌。

每100克		
热量	127Kcal
脂肪	4.9g
蛋白质	17.7g
胆固醇	76mg

双椒蒸带鱼

时间：15分钟
热量：172大卡

| 原料 | 带鱼250克，泡椒、剁椒各40克，葱丝10克，姜丝5克

| 调料 | 盐2克，料酒8毫升，食用油适量

做法 ↘

1 带鱼事先加入盐、料酒、姜丝拌匀，腌渍至入味。

2 将备好的泡椒切去蒂，切碎；将泡椒、剁椒分别倒在带鱼两边。

3 电蒸锅烧开上汽，放入带鱼，盖上锅盖，调转旋钮定时10分钟，取出，放入葱丝。

4 热锅注油，大火烧至八成热，将热油浇在带鱼上即可。

豉油蒸带鱼

时间：14分钟
热量：159大卡

| 原料 |

带鱼250克，葱段、葱花、姜丝各少许

| 调料 |

盐2克，料酒10毫升，蒸鱼豉油少许，食用油适量

做法 ↘

1 将洗好的带鱼切段，再切上花刀，放入盐、料酒，拌匀，腌渍至其入味。

2 将腌好的带鱼段装入盘中，放上姜丝、葱段，待用。

3 将处理好的带鱼段放入烧开的蒸锅中，盖上盖，用大火蒸10分钟至熟。

4 揭盖，取出带鱼，撒上葱花，淋入热油，倒入少许蒸鱼豉油即可。

1

2

3

4

金枪鱼

金枪鱼含有蛋白质、维生素、矿物质、脂肪、氨基酸等成分，具有补充钙质、促进食欲、增强免疫力等功效。

『每100克』	热量	99Kcal
	碳水化合物	2.1g
	脂肪	1.1g
	蛋白质	20g

金枪鱼生卷

时间：8分钟
热量：152大卡

|原料| 凉皮120克，金枪鱼罐头60克，黄瓜80克，去皮胡萝卜、生菜叶各50克，豌豆苗30克

|调料| 椰子油4毫升，咖喱粉3克，豆瓣酱15克

做法 ↘

1 黄瓜洗净切丝；胡萝卜去皮切丝。

2 往凉皮上铺上生菜、胡萝卜丝、黄瓜丝、金枪鱼，卷成卷，将剩下的食材依次做成卷，摆在盘中。

3 往碗中倒入金枪鱼罐头汁、椰子油、咖喱粉、豆瓣酱，充分拌匀，制成调味汁，盛入小碟中。

4 将调味汁、豌豆苗摆放在金枪鱼生卷旁边，蘸食即可。

金枪鱼水果沙拉

时间：8分钟
热量：389大卡

| 原料 |

熟金枪鱼肉180克，圣女果150克，苹果80克，沙拉酱50克

| 调料 |

核桃油适量，白糖3克

做法 ↘

1 圣女果洗净，对半切开；苹果洗净，切成大小一致的瓣，去核。

2 在每一瓣苹果的左右两边各切三刀，再切开，使其展开呈花状。

3 将熟金枪鱼肉切成小块；在苹果上摆放圣女果、金枪鱼。

4 取一个空碗，倒入沙拉酱、白糖、核桃油，搅匀后浇在食材上即可。

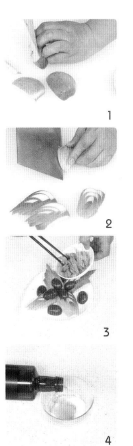

1

2

3

4

三文鱼

三文鱼含有蛋白质、不饱和脂肪酸、维生素D等营养成分，能促进机体对钙的吸收利用，有助于生长发育。

每100克	热量	139Kcal
	脂肪	7.8g
	蛋白质	17.2g
	胆固醇	68mg

三文鱼泡菜铝箔烧

时间：20分钟
热量：206大卡

| 原料 |

三文鱼250克，泡菜100克，韭菜、白洋葱各60克，红椒丝10克，葱花、白芝麻各适量

| 调料 |

生抽、料酒各5毫升，白胡椒粉、盐各2克，辣椒酱、椰子油各适量

做法 ↘

1 处理好的白洋葱切成丝；处理干净的三文鱼斜刀切成片。

2 将择洗好的韭菜两端修齐，切成小段。

3 碗中放入盐、白胡椒粉、料酒，加入适量生抽、辣椒酱，拌匀。

4 放入三文鱼片拌匀，加入泡菜、韭菜、洋葱、椰子油，再次拌匀。

5 将拌好的材料倒入锡纸内，将锡纸的四周折叠起来形成一个纸锅。

6 将锡纸放入平底锅内，注入约2厘米高的清水。

7 开中火，盖上锅盖，焖制12分钟。

8 揭开锅盖，连同锡纸一起取出，撒上葱花、白芝麻、红椒丝即可。

鲜橙三文鱼

时间：7分钟
热量：203大卡

| 原料 |

三文鱼100克，脐橙60克，柠檬30克，洋葱丁、蒜末各15克

| 调料 |

盐2克，橄榄油适量

做法 ↘

1 洗净的三文鱼斜刀切片；洗净的脐橙部分切片，剩下的部分去皮取肉，将脐橙肉切成块。

2 三文鱼加洋葱丁、蒜末、盐，挤上柠檬汁，淋上橄榄油拌匀，腌渍至入味。

3 往备好的盘中摆放上脐橙片，再摆放上模具，往模具里放入适量的三文鱼、脐橙肉。

4 再用适量的三文鱼盖住，压紧后取下模具即可。

黑椒三文鱼芦笋沙拉

时间：15分钟
热量：267大卡

| 原料 | 三文鱼240克，菠萝180克，芦笋100克，圣女果90克，熟鸡蛋50克，胡萝卜40克，芒果、酸奶、柠檬汁、香葱末各适量

| 调料 | 黑胡椒粉6克，青芥末酱少许，盐、食用油、橄榄油各适量

做法 ↘

1 菠萝切块；胡萝卜去皮切片；圣女果洗净对半切开；芦笋洗净切段；熟鸡蛋对半切开；三文鱼切条。

2 锅中注水烧开，放入盐、食用油、芦笋，煮至断生捞出；热锅注入橄榄油烧热，放入三文鱼煎香，撒入黑胡椒粉，续煎片刻盛出。

3 芒果切粒，加酸奶、柠檬汁、青芥末酱、盐、黑胡椒粉、香葱，将食材放入罐中即可。

三文鱼泥

时间：17分钟
热量：167大卡

| 原料 | 三文鱼肉120克

| 调料 | 盐少许

做法 ↘

1 蒸锅上火烧开，放入处理好的三文鱼肉，盖上锅盖，用中火蒸约15分钟至熟。

2 取出三文鱼，放凉待用。

3 取一个干净的大碗，放入三文鱼肉，压成泥状，加入少许盐，搅拌均匀至其入味。

4 另取一个干净的小碗，盛入拌好的三文鱼即可。

鲈鱼

鲈鱼含有蛋白质、维生素A、B族维生素、钙、磷、钾、钠、硒等营养成分，具有益气补血、补肝益脾、益肾安胎等功效。

每100克		
热量	105Kcal
脂肪	3.4g
蛋白质	18.6g
钙	138mg

炙烤鲈鱼

时间：15分钟
热量：216大卡

| 原料 | 鲈鱼400克，大葱段40克，姜片少许

| 调料 | 盐2克，料酒5毫升，食用油适量

做法 ↘

1 事先将鲈鱼处理干净，两面切上一字花刀，放入盘中，撒盐、料酒，腌渍至入味。

2 取烤盘，铺上锡纸，刷上一层食用油，放上部分大葱段、姜片，摆放上鲈鱼。

3 在鲈鱼身上再放上剩余的大葱段、姜片，再刷上一层食用油。

4 将烤盘放入烤箱，将上火温度调至200℃，选择"炉灯"功能，再将下火温度调至200℃，功能选择"热风"，烤10分钟即可。

浇汁鲈鱼

时间: 25分钟
热量: 224大卡

| 原料 |

鲈鱼270克，豌豆90克，胡萝卜60克，玉米粒45克，姜丝、葱段、蒜末各少许

| 调料 |

盐2克，番茄酱、水淀粉各适量，食用油少许

做法 ↘

1 事先将鲈鱼处理干净，加入盐、姜丝、葱段，腌渍至入味；胡萝卜去皮洗净，切丁；鲈鱼切开，去除鱼骨，把鱼肉两侧切条，放入蒸盘中。

2 锅中注水烧开，倒入胡萝卜、豌豆、玉米粒，煮至断生捞出。

3 蒸锅上火烧开，放入蒸盘，加盖，用中火蒸约15分钟。

4 用油起锅，爆香蒜末，倒入焯过的食材和番茄酱炒香，注水拌匀，淋入水淀粉，调成酱汁，关火后盛出酱汁，浇在鱼身上即可。

鳕鱼

鳕鱼含有蛋白质、不饱和脂肪酸及多种维生素、矿物质，具有活血祛瘀、补血止血、清热消炎、降血压等功效。

每100克		
热量	88Kcal
脂肪	0.5g
蛋白质	20.4g
磷	232mg

西蓝花豆酥鳕鱼

时间：17分钟
热量：250大卡

| 原料 |

鳕鱼230克，西蓝花50克，豆豉8克，姜片、葱段、蒜瓣各5克

| 调料 |

盐3克，鸡粉2克，料酒、生抽各4毫升，白胡椒粉、食用油各适量

做法 ↘

1 葱段洗净切碎；姜片切末；蒜瓣洗净切末；西蓝花洗净切小朵。

2 锅中注水烧开，加入盐、食用油、西蓝花，焯至断生，捞出。

3 将事先备好的鳕鱼倒入大盘中，加入盐、料酒，腌渍至入味。

4 蒸锅注水烧开，放入鳕鱼，加盖，蒸10分钟后取出。

5 热锅注油烧热，爆香豆豉、蒜末、姜末、葱碎。

6 加入生抽、清水、鸡粉、白胡椒粉，制成酱汁。

7 关火，将酱汁装入小碗中。

8 将备好的西蓝花摆放在鳕鱼边上，浇上酱汁即可。

豉香葱丝鳕鱼

时间：15分钟
热量：202大卡

|原料| 鳕鱼230克，葱丝、红椒丝各少许

|调料| 蒸鱼豉油10毫升，盐2克，料酒5毫升，食用油适量

做法 ↘

1 事先将洗净的鳕鱼放入碗中，加入盐、料酒搅拌均匀，腌渍至入味。

2 取出电蒸锅，将腌好的鳕鱼装盘，放入电蒸锅中，按"蒸盘"键，选择"一层蒸盒"，蒸12分钟至熟。

3 断电后揭开锅盖，取出鳕鱼，在蒸好的鳕鱼表面摆上葱丝、红椒丝，淋上蒸鱼豉油。

4 热锅注油，烧至六七成热，将热油淋在鳕鱼上即可。

莳萝草烤银鳕鱼

时间：7分钟
热量：170大卡

|原料| 银鳕鱼块100克，干莳萝草末少许

|调料| 盐2克，白胡椒粉、烧烤粉各3克，烧烤汁5毫升，黑胡椒碎、橄榄油各适量

做法 ↘

1 银鳕鱼洗净去骨，装盘。

2 事先往银鳕鱼的两面抹上盐、白胡椒粉、烧烤粉、干莳萝草末、烧烤汁，腌渍至入味。

3 将腌好的银鳕鱼放在刷过橄榄油的烤架上，用中火烤3分钟至变色。

4 将银鳕鱼翻面，撒上黑胡椒碎，用中火烤3分钟至熟，将烤好的银鳕鱼装入盘中即可。

四宝鳕鱼丁

时间：14分钟
热量：221大卡

| 原料 |

鳕鱼肉200克，胡萝卜150克，豌豆100克，玉米粒90克，鲜香菇50克，姜片、蒜末、葱段各少许

| 调料 |

盐3克，鸡粉2克，料酒5毫升，水淀粉、食用油各适量

做法 ↘

1 事先将鳕鱼肉洗净切丁，加盐、鸡粉、水淀粉、油腌渍；胡萝卜去皮洗净切丁；香菇洗净切丁。

2 锅中注水烧热，加入盐、鸡粉、食用油、豌豆、胡萝卜丁、香菇丁、玉米粒，煮至断生后捞出。

3 热锅注油烧热，倒入鳕鱼丁，炸变色后盛出。

4 用油起锅，爆香姜片、蒜末、葱段、焯过水的食材、鳕鱼丁，调入盐、鸡粉、料酒，炒熟，淋入水淀粉炒匀，关火后装入盘中即成。

虾

虾含有蛋白质、碳水化合物、B族维生素、钙、磷、镁、锌等营养成分，具有补肾、壮阳、通乳、增强免疫力等功效。

『每100克』

● 热量	101Kcal
● 脂肪	1.4g
● 蛋白质	18.2g
● 胆固醇	181mg

豆苗虾仁

时间：6分钟
热量：111大卡

| 原 料 | 虾仁100克，豆苗250克，蒜末少许

| 调 料 | 料酒5毫升，盐、鸡粉各2克，食用油适量

做法 ↘

1 虾仁横刀切开，去除虾线，洗净。

2 热锅注油烧热，爆香蒜末、虾仁，淋入料酒，倒入洗净的豆苗，翻炒均匀。

3 放入盐、鸡粉，快速炒匀调味。

4 关火后将炒好的菜盛出装入盘中即可。

鲜虾豆腐煲

时间：43分钟
热量：270大卡

| 原料 |

豆腐160克，虾仁65克，油菜85克，咸肉75克，干贝25克，姜片、葱段各少许，高汤适量

| 调料 |

盐2克，鸡粉少许，料酒5毫升

做法 ↘

1 虾仁洗净切开，去除虾线；油菜洗净切小瓣；豆腐洗净切小块；咸肉洗净切薄片。

2 锅中注水烧开，倒入油菜，煮至断生，捞出；再倒入咸肉片，淋入料酒，煮约1分钟捞出。

3 砂锅置火上，倒入高汤，放入干贝、肉片、姜片、葱段、料酒，加盖，烧开后用小火煮约30分钟。

4 调入盐、鸡粉，倒入虾仁、豆腐块，再加盖，用小火续煮约10分钟后放入油菜，再将砂锅端离火上即成。

红酒茄汁虾

时间：16分钟
热量：275大卡

| 原料 | 基围虾450克，红酒200毫升，蒜末、姜片、葱段各少许

| 调料 | 盐2克，白糖少许，番茄酱、食用油各适量

做法 ↘

1 基围虾剪去头尾及虾脚，处理干净。

2 用油起锅，爆香蒜末、姜片、葱段，倒入基围虾、番茄酱炒香。

3 倒入红酒，炒至虾身弯曲，调入白糖、盐，加盖，烧开后用小火煮约10分钟。

4 揭盖，用中火翻炒一会至汤汁收浓，关火后盛出炒好的菜肴，装入盘中即成。

柠檬胡椒虾仁

时间：10分钟
热量：483大卡

| 原料 | 虾仁120克，西芹65克，黄油45克，柠檬50克

| 调料 | 胡椒粉、盐各2克，料酒4毫升，黑胡椒粉、水淀粉各少许

做法 ↘

1 事先将虾仁洗净切小段，装碗，加盐、料酒、黑胡椒粉、柠檬汁、水淀粉搅匀，腌渍至入味；西芹洗净斜刀切块。

2 沸水锅放入西芹、盐，煮至断生，捞出。

3 将黄油放入热锅中，开小火使其熔化，放入虾仁，炒至虾身弯曲，倒入西芹炒香。

4 转小火，加入胡椒粉、盐，炒匀调味，关火后盛出炒好的菜肴，装入盘中即可。

虾泥萝卜

时间：25分钟
热量：283大卡

| 原料 |

虾仁70克，胡萝卜150克，鸡蛋1个，瘦肉75克，干贝少许

| 调料 |

生抽2毫升，盐3克，鸡粉1克，水淀粉10毫升，生粉、食用油各适量

做法 ↘

1 鸡蛋取蛋清，装碗；胡萝卜洗净切圆段，用模具压成花形；瘦肉洗净切碎；虾仁洗净挑去虾线。

2 取榨汁机，放入虾仁、瘦肉，搅碎倒入碗中，放入盐、蛋清，拌至起浆；水发干贝压碎。

3 沸水锅放盐、胡萝卜，煮10分钟后捞出，抹上生粉，胡萝卜块上放上肉泥、蛋清、干贝，蒸熟。

4 另起油锅，倒入清水、生抽、盐、鸡粉煮沸，加水淀粉拌匀，淋在萝卜上即可。

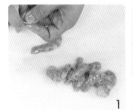

椰子油炒虾

时间：8分钟
热量：223大卡

| 原料 |

基围虾200克，油菜90克，朝天椒圈、姜末各少许

| 调料 |

盐、黑胡椒粉各2克，椰子油3毫升

做法 ↘

1 油菜洗净去根部；事先将基围虾洗净，去头去壳，装碗，放入盐、姜末拌匀，腌渍至入味。

2 锅置火上，倒入椰子油，烧热，爆香朝天椒圈，倒入基围虾，炒至弯曲转色。

3 倒入切好的油菜，用大火快速翻炒约1分钟至熟软。

4 倒入黑胡椒粉，炒匀调味，关火后盛出菜肴，装盘即可。

白灼鲜虾

时间: 6分钟
热量: 128大卡

| 原 料 |

鲜虾250克，香葱1根，姜片5克

| 调 料 |

盐2克，料酒、生抽各5毫升

做法 ↘

1 锅中注入适量清水烧开，放入姜片，加入洗净的香葱，淋入料酒，煮约2分钟成姜葱水。

2 加入盐，放入洗净的鲜虾，煮约2分钟至虾转色熟透。

3 关火后捞出煮熟的虾，泡入凉水中片刻以降温。

4 将虾围盘摆好，中间放上生抽，食用时随个人喜好蘸取生抽即可。

蒜蓉迷迭香烤虾

时间：17分钟

热量：231大卡

| 原料 |

虾120克，蒜蓉45克，迷迭香35克

| 调料 |

盐1克，黑胡椒粉5克，料酒5毫升，食用油
适量

调味酱要尽量放在切开的
虾背上，烤制时更入味。

第三章

享受也能享瘦：荤食

做法 ↘

1 虾洗净剖开，取出虾线。

2 取一个空碗，放入蒜蓉、迷迭香、盐、黑胡椒粉。

3 再淋入料酒、食用油，制成调味酱。

4 备好烤箱，取出烤盘，放上锡纸。

5 在锡纸上刷上适量食用油，放上虾。

6 再将调味酱盖在虾上。

7 将烤盘放入烤箱，上、下火均调至200℃，烤至熟透。

8 取出烤盘，将烤好的虾装盘即可。

轻食食材推荐

扇贝

扇贝含有蛋白质、维生素E、钙、钾、磷、钠、镁、硒等营养成分，具有健脑、明目、润肠、护肤、活血等作用。

『每100克』		
热量	60Kcal
脂肪	0.6g
蛋白质	11.1g
钙	142mg

烤扇贝

时间: 16分钟
热量: 125大卡

| 原 料 | 扇贝160克，奶酪碎65克，蒜末少许

| 调 料 | 盐1克，料酒5毫升，食用油适量

做法 ↘

1 洗净的扇贝肉撒上盐，淋入料酒，加上奶酪碎，放上蒜末，淋入食用油。

2 备好烤箱，取出烤盘，放上扇贝，将烤盘放入烤箱。

3 关好箱门，上火温度调至200℃，选择"双管发热"功能，下火温度调至200℃，烤15分钟至扇贝熟透。

4 打开箱门，取出烤盘，将烤好的扇贝装盘即可。

蒜香粉丝蒸扇贝

| 原 料 |

净扇贝180克，水发粉丝120克，蒜末10克，葱花5克

| 调 料 |

剁椒酱20克，盐3克，料酒8毫升，蒸鱼豉油10毫升，食用油适量

做法 ↘

1 粉丝洗净切段；将事先洗净的扇贝肉装碗，加料酒、盐拌匀，腌渍约5分钟至去除腥味。

2 取一个蒸盘，整齐放入扇贝壳，壳中放入粉丝和扇贝肉，放上剁椒酱，待用。

3 用油起锅，爆香蒜末，关火后盛出，浇在扇贝肉上。

4 备好电蒸锅，烧开后放入蒸盘，加盖，蒸至食材熟透后取出，趁热浇上蒸鱼豉油，点缀上葱花即可。

生蚝

生蚝含有糖原、牛磺酸、维生素A、B族维生素、维生素D以及铜、锌等营养成分，具有壮阳益阴、强肝解毒、安神、软坚散结等功效。

『每100克』

● 热量	73Kcal
● 脂肪	2.1g
● 蛋白质	5.3g
● 胆固醇	100mg

双味生蚝

时间：15分钟
热量：361大卡

| 原料 | 生蚝2个，芝士丁50克，培根丁60克，蒜末、黄油各40克，面粉10克

| 调料 | 白葡萄酒3毫升，盐、鸡粉各3克，黑胡椒粉2克

做法 ↘

1 生蚝肉事先取出，加入盐、鸡粉、白葡萄酒拌匀，腌渍入味，再加入面粉拌匀；黄油加热至熔化，放入生蚝煎至金黄色，再放回生蚝壳中。

2 锅烧热，倒入培根丁炒香，铺放在第一个生蚝肉上，撒芝士丁。

3 锅中倒入黄油加热熔化，加入蒜末爆香，撒上盐、鸡粉、黑胡椒粉炒匀，倒入芝士丁加热至熔化，铺放在第二个生蚝肉上。

4 将生蚝放入烤箱，调至上火200℃，下火180℃，烤10分钟后取出即可。

蒜香蒸生蚝

时间：13分钟

热量：306大卡

| 原料 |

生蚝4个，柠檬15克，蒜末20克，
葱花5克

| 调料 |

蚝油5克，食用油20毫升，盐3克

做法 ↘

1 事先取一个碗，倒入生蚝肉，加入盐，挤入柠檬汁拌匀，腌渍至入味，待用。

2 用油起锅，爆香蒜末，放入葱花，加入蚝油，炒约1分钟后盛出。

3 将腌好的生蚝肉放回生蚝壳中，淋上炒香的蒜末。

4 取电蒸锅，注水烧开，放入生蚝，盖上盖，时间调至8分钟，蒸好后取出，稍凉后即可食用。

蛤蜊

蛤蜊含有蛋白质、维生素A、B族维生素、维生素D、磷、钙、镁等营养成分，具有增强免疫力、美容养颜、宁心安神等功效。

每100克		
热量	45Kcal
脂肪	0.6g
蛋白质	7.7g
钙	59mg

蛤蜊蔬菜爽口咖喱

时间：15分钟
热量：259大卡

| 原料 | 蛤蜊、红彩椒、茄子各100克，西红柿、小南瓜各200克，白洋葱150克，四季豆60克，蒜末、姜末各少许

| 调料 | 椰子油咖喱露50克，椰子油6毫升，七味唐辛子5克，盐2克

做法 ↘

1 白洋葱洗净切丝；西红柿洗净去蒂，切丁；茄子洗净切块；红彩椒洗净切丁；小南瓜洗净去皮切片；四季豆洗净切段。

2 锅中倒入椰子油烧热，爆香姜末、蒜末，放入白洋葱、红彩椒、四季豆、小南瓜、茄子炒匀。

3 倒入西红柿炒匀，注入清水，放入椰子油咖喱露拌匀，煮5分钟，放入蛤蜊，续煮2分钟，调入盐、七味唐辛子即可。

酒蒸蛤蜊

时间：10分钟
热量：331大卡

| 原料 | 蛤蜊700克，清酒30毫升，干辣椒5克，黄油20克，葱段、蒜末各少许

| 调料 | 盐2克，生抽5毫升，食用油适量

做法 ↘

1 用油起锅，爆香蒜末、干辣椒，放入蛤蜊，炒匀。

2 倒入清酒，加入盐，加盖，大火焖3分钟至熟。

3 将黄油放入锅中，炒匀，淋入生抽。

4 放入葱段，拌匀使其入味，关火后将焖好的蛤蜊盛出，放入盘中即可。

水蛋爆蛤仁

| 原料 | 蛤蜊150克，金华火腿30克，鸡蛋液100克，葱花少许

| 调料 | 盐2克

做法 ↘

1 备好的火腿切丁；将鸡蛋液倒入备好的大碗中，加盐，注入温水，打散。

2 将鸡蛋液倒入备好的盘中，放上蛤蜊、火腿，包上一层保鲜膜。

3 电蒸锅注水烧开，放上食材，加盖，蒸12分钟。

4 将蒸好的食材取出，撕开保鲜膜，撒上葱花即可。

时间：17分钟
热量：336大卡

干贝

干贝含有蛋白质、碳水化合物、维生素B₂、维生素E、钙、磷、铁等营养成分，具有益气补血、降血压、滋阴补肾等功效。

每100克		
热量	264Kcal
脂肪	2.4g
蛋白质	55.6g
磷	504mg

干贝芥菜

时间: 13分钟
热量: 218大卡

| 原料 | 芥菜700克，水发干贝15克，干辣椒5克

| 调料 | 盐、鸡粉各1克，食粉、食用油各适量

做法 ↓

1 干辣椒切成丝；锅中注水烧开，加入食粉、洗净的芥菜，余3分钟后捞出，将芥菜放入凉水中使其口感爽脆，取出，去掉叶子，对半切开。

2 用油起锅，放入干辣椒，炸约2分钟至辣味析出，捞出炸过的干辣椒。

3 注入适量清水，倒入干贝、芥菜，煮约2分钟至食材熟透。

4 加入盐、鸡粉拌匀，装在盘中，盛出汤汁淋在芥菜上即可。

干贝冬瓜球

时间：14分钟
热量：170大卡

| 原料 |

水发干贝50克，去皮冬瓜200克，韭菜60克，姜片少许

| 调料 |

盐、鸡粉各2克，水淀粉5毫升，白胡椒粉3克，食用油适量

做法 ↘

1 韭菜洗净切碎；用挖球器在冬瓜上挖出若干个冬瓜球。

2 热锅注油烧热，爆香姜片，加入冬瓜球，放入泡发好的干贝，炒匀。

3 注入适量的清水，撒上盐，加盖，大火煮8分钟，调入鸡粉、白胡椒粉。

4 倒入韭菜炒匀，用水淀粉勾芡，注入适量的清水煮沸，关火后将菜肴盛入盘中即可。

北极贝

北极贝肉质肥美，含有蛋白质、维生素A、钙、磷、铁、锌、硒、钾等营养元素，具有滋阴平阳、养胃健脾等作用。

『每100克』		
● 热量	90Kcal
● 脂肪	0.5g
● 蛋白质	16g

凉拌杂菜北极贝

时间：8分钟
热量：93大卡

|原 料| 胡萝卜80克，黄瓜70克，北极贝50克，苦菊40克

|调 料| 白糖2克，胡椒粉少许，芝麻油、橄榄油各适量

做法 ↘

1 胡萝卜去皮洗净切片；黄瓜洗净切片。

2 取一个大碗，倒入胡萝卜片、黄瓜片、北极贝，加入少许白糖。

3 撒上适量胡椒粉，注入少许芝麻油、橄榄油，拌至食材入味。

4 另取一个盘子，放入洗净的苦菊，铺放好，再盛入拌好的食材，摆好盘即成。

北极贝蒸蛋

时间：18分钟
热量：369大卡

| 原料 |

北极贝60克，鸡蛋3个，蟹柳55克

| 调料 |

盐2克，鸡粉少许

做法 ↘

1 蟹柳洗净切丁；将鸡蛋打入碗中，搅散，加入适量清水、盐、鸡粉、蟹柳丁，制成蛋液。

2 取一个蒸碗，倒入调好的蛋液，放入备好的蒸锅中，加盖，用中火蒸约6分钟。

3 揭盖，把备好的北极贝放入蒸碗中铺开，再加盖，转大火蒸至食材熟透。

4 关火后揭盖，待蒸汽散开，取出蒸碗，稍凉后即可食用。

墨鱼

墨鱼有较高的营养价值，含有蛋白质、维生素A、B族维生素及钙、磷、铁等人体所必需的物质，具有养血、催乳、补脾、益肾、滋阴等功效。

「每100克」	热量	83Kcal
	脂肪	0.9g
	蛋白质	15.2g
	磷	165mg

水晶墨鱼卷

时间：7分钟
热量：223大卡

| 原料 | 墨鱼片220克，鸡汤150毫升，姜汁适量

| 调料 | 盐、鸡粉各少许，料酒5毫升，水淀粉、食用油各适量

做法 ↘

1 墨鱼片洗净切上网格刀花。

2 锅中注水烧开，倒入墨鱼片，淋入部分姜汁、料酒，汆至鱼身卷起，捞出。

3 用油起锅，注入鸡汤，放入余下的姜汁、汆好的墨鱼片，搅散。

4 调入鸡粉、盐，淋入料酒，炒至食材入味，再用水淀粉勾芡，盛出即可。

墨鱼炒西芹

时间：11分钟
热量：267大卡

| 原 料 |

墨鱼300克，西芹150克，红椒60克，姜末少许

| 调 料 |

盐、鸡粉各2克，白胡椒粉、芝麻油、食用油各适量

做法 ↘

1 西芹择洗好，斜刀切块；红椒洗净后斜刀切块；墨鱼洗净，打上花刀，切成小块。

2 锅中注水烧开，倒入西芹、红椒搅散，淋入食用油拌匀，略煮后捞出；再注水烧开，倒入墨鱼，氽至起花，捞出。

3 热锅注油，倒入姜末、墨鱼、氽好的食材翻炒。

4 调入盐、鸡粉、白胡椒粉，淋入芝麻油炒熟，关火，将炒好的菜盛入盘中即可。

鱿鱼

鱿鱼含有蛋白质、维生素A、牛磺酸、钙、磷等营养成分，具有补充脑力、缓解疲劳、恢复视力、改善肝脏功能等作用。

每100克		
热量	84Kcal
脂肪	1.6g
蛋白质	17g
钙	44mg

咖喱海鲜南瓜盅

时间：17分钟
热量：333大卡

| 原料 |

熟南瓜盅1个，去皮土豆200克，鱿鱼250克，洋葱80克，虾仁50克，咖喱块30克，椰浆100毫升，香叶、罗勒叶各少许

| 调料 |

盐2克，鸡粉3克，水淀粉、食用油各适量

做法 ↓

1 土豆洗净切丁；洋葱洗净切小块；鱿鱼洗净，打上十字花刀，切块。

2 虾仁洗净，横刀切开，但不切断，去掉虾线。

3 锅中注水烧开，倒入土豆，略煮后捞出。

4 往锅中倒入鱿鱼、虾仁，焯片刻捞出。

5 用油起锅，放入咖喱块，搅拌至熔化。

6 倒入洋葱、香叶、椰浆、土豆、虾仁、鱿鱼炒匀。

7 调入盐、鸡粉，煮至入味。

8 加入水淀粉拌匀，关火后盛入熟南瓜盅，放上罗勒叶即可。

五彩银针鱿鱼

时间：7分钟
热量：155大卡

| 原料 |

鱿鱼150克，黄豆芽50克，水发黑木耳20克，洋葱丝15克，红椒丝、黄瓜丝各30克

| 调料 |

盐3克，白糖2克，生抽、芝麻油各3毫升

做法 ↘

1 鱿鱼洗净切小条；泡好的黑木耳切碎。

2 沸水锅中倒入切好的鱿鱼条、木耳碎、洗净的黄豆芽、红椒丝，汆约1分钟捞出，装入碗中。

3 往汆好的食材里放入备好的洋葱丝、黄瓜丝。

4 调入盐、白糖、生抽、芝麻油，拌至食材入味，将拌匀的食材装盘即可。

1　　　　2　　　　3　　　　4

芦笋鱿鱼卷

时间：11分钟
热量：150大卡

| 原料 | 鱿鱼150克，芦笋70克，胡萝卜65克，姜片、蒜片各少许

| 调料 | 盐、鸡粉各2克，胡椒粉3克，蚝油、料酒、芝麻油、食用油各适量

做法 ↘

1 洗净去皮的胡萝卜切成菱形片；洗净的芦笋切成小段；将处理好的鱿鱼须切成段，鱿鱼身上打上十字花刀，再切成片。

2 锅中注水烧开，倒入芦笋，余煮至断生，捞出；再倒入鱿鱼，余煮至断生，捞出。

3 用油起锅，倒入姜片、蒜片爆香，倒入胡萝卜、鱿鱼、芦笋炒匀，加入蚝油、料酒提鲜。

4 放入盐、鸡粉、胡椒粉，翻炒至入味，淋上芝麻油，翻炒均匀即可。

西式烤鱿鱼

时间：12分钟
热量：191大卡

| 原料 | 鱿鱼140克，青椒50克，红椒60克，芦笋40克，烤鸡翅粉20克

| 调料 | 橄榄油适量

做法 ↘

1 将事先处理好的鱿鱼切上一字花刀，撒上烤鸡翅粉，淋上橄榄油，拌匀，腌渍至入味。

2 往备好的烤盘上铺上锡纸，放上鱿鱼、芦笋、青椒、红椒，放入烤箱内。

3 将上、下火调至180℃，选择双管发热功能，烤10分钟。

4 将烤好的食材从烤箱中取出，放入备好的盘中即可。

八爪鱼

八爪鱼又叫章鱼，含有蛋白质、B族维生素、维生素E、钙、钾、磷、镁等营养成分，具有调节血压、通乳补虚、增强机体功能等作用。

每100克	热量	135Kcal
	脂肪	0.4g
	蛋白质	18.9g
	钙	21mg

梅肉沙司拌章鱼秋葵

时间: 12分钟
热量: 255大卡

|原料| 章鱼120克，秋葵4个，梅干3个，豆苗140克，朝天椒圈4克，木鱼花适量，高汤20毫升，凉开水10毫升

|调料| 椰子油3毫升

做法 ↘

1 豆苗洗净切小段；秋葵洗净去柄、尾后切片；章鱼洗净，将头须分离，章鱼须切开，再切小段，划开章鱼头，取出杂质，洗净后切条。

2 锅中注水烧开，放入章鱼，余烫至熟后捞出，放入凉开水中降温。

3 取一个大碗，放入椰子油、凉开水、高汤、木鱼花、梅干、章鱼、秋葵片拌匀。

4 将切好的豆苗铺在盘底，倒入拌匀的食材，放上朝天椒圈即可。

第四章

饱腹无负担……主食

诸如莲子糕、饭团、意大利面这样的美食，不仅颜色漂亮、味道鲜美、做法简单，更能作为主食和加餐的点心，只要吃法正确，吃完后完全无负担。本章将与您分享多种饱腹感非常强的食物，在提供身体所需营养的同时，还能有效减少摄入的脂肪量，让您吃得满足，吃得健康！

大米

大米中特有的成分谷维素，被称为"美容素"，是一种黑色素抑制剂，性质温和，无副作用，能降低黑色素细胞的活性，抑制黑色素的形成、运转和扩散。

每100克		
	热量	347Kcal
	纤维素	0.7g
	蛋白质	7.4g
	磷	110mg

烤鱿鱼饭团

时间：16分钟
热量：164大卡

| 原料 |

冷米饭150克，包菜95克，鱿鱼90克，洋葱60克，玉米粒40克

| 调料 |

盐1克，黑胡椒粉2克，料酒5毫升，食用油适量

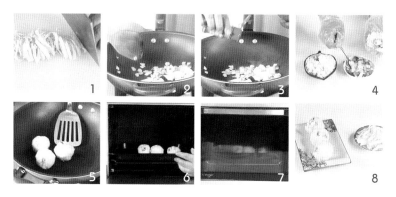

做法 ↘

1 洗净的包菜切丝；洗好的洋葱切小块；洗净的鱿鱼切上十字花刀，再切粗条。

2 用油起锅，倒入洋葱、洗净的玉米粒，炒匀，倒入鱿鱼炒至微微卷起。

3 加入料酒、盐、黑胡椒粉，炒匀调味，盛出炒好的菜肴，装盘待用。

4 取适量米饭，压扁，放入炒好的食材，搓揉成饭团，装盘待用。

5 用油起锅，放入饭团，煎约1分钟至底部微黄，将煎好的饭团装盘。

6 备好烤箱，取出烤盘，放上煎好的饭团，将烤盘放入烤箱中。

7 将上火温度调至200℃、下火温度调至200℃，烤10分钟至熟透。

8 取出烤盘，将饭团装盘，旁边放上切好的包菜，搭配食用即可。

牛油果虾仁炒饭

时间：10分钟
热量：249大卡

| 原料 |

冷米饭200克，牛油果80克，净虾仁、蛋液各70克

| 调料 |

盐、鸡粉各2克，食用油适量

做法 ↘

1 将去皮洗净的牛油果切成小块。

2 用油起锅，倒入蛋液，炒熟，把炒好的鸡蛋盛出待用。

3 用油起锅，倒入洗净的虾仁，炒至转色，倒入米饭，炒松散，放入炒好的蛋液，再次炒匀。

4 放盐、鸡粉，炒匀调味，加入牛油果肉块，炒匀，盛出，装入碗中即可。

三文鱼蒸饭

时间：45分钟
热量：301大卡

|原 料|

水发大米150克，金针菇、三文鱼各50克，葱花、枸杞各少许

|调 料|

盐3克，生抽适量

做法 ↘

1 洗净的金针菇切去根部，切成小段；将事先洗好的三文鱼切丁装碗，加盐拌匀，腌渍片刻。

2 取一个碗，倒入大米，注水，加入生抽、鱼肉，拌匀，放入金针菇，再次拌匀。

3 蒸锅中注入适量清水烧开，放上碗，加盖，中火蒸40分钟至熟。

4 取出蒸好的饭，撒上葱花，放上枸杞即可。

1 2 3 4

干木鱼蒸饭

时间：11分钟
热量：174大卡

| 原料 | 冷米饭400克，去皮胡萝卜60克，干木鱼（柴鱼片）10克，蒜末、姜末各少许

| 调料 | 生抽、椰子油、料酒各3毫升，胡椒粉2克

做法 ↘

1 洗净的胡萝卜切片，切丝，再改切成丁。

2 碗中放入米饭、胡萝卜丁，拌匀，加上生抽、料酒、椰子油、姜末、蒜末、胡椒粉，拌匀。

3 撒上适量的干木鱼，充分拌匀，将米饭盛入备好的碗中。

4 电蒸锅注水烧开，放上米饭，蒸8分钟后取出，再往米饭中撒上剩下的干木鱼即可。

电饭煲蘑菇饭

时间：38分钟
热量：331大卡

| 原料 | 水发大米250克，金针菇、腊肉各60克，蟹味菇、杏鲍菇各50克，朝天椒40克，白芝麻5克，香叶、葱碎各少许

| 调料 | 椰子油10毫升，生抽、料酒各8毫升，白胡椒粉3克

做法 ↘

1 杏鲍菇洗净切丁；金针菇洗净去根，切段；蟹味菇洗净去根，掰散；腊肉切丁；朝天椒洗净切圈。

2 腊肉装碗，加生抽、料酒、白胡椒粉拌匀。

3 电饭煲中放入大米，注水，加入香叶、腊肉、蟹味菇、金针菇、杏鲍菇、朝天椒圈、椰子油，煮熟盛出，撒上白芝麻、葱碎即可。

凤尾鱼西红柿烩饭

时间：38分钟
热量：446大卡

|原料|

罐头凤尾鱼、水发大米各150克，
白洋葱120克，西红柿、圣女果各1
个，朗姆酒50毫升，奶酪3片，芝士
粉、香菜末、蒜蓉各少许，朝天椒
圈5克，香叶1片，清汤100毫升

|调料|

椰子油3毫升，盐、胡椒粉各2克

做法 ↘

1 凤尾鱼切碎；白洋葱洗净切碎；西红柿洗净去
蒂，切丁；圣女果洗净去蒂，底部切十字花刀。

2 热锅倒入清水、清汤，加盐、胡椒粉，煮沸盛出。

3 热锅注入椰子油烧热，倒入凤尾鱼炒香，倒入白
洋葱、蒜蓉、朝天椒圈、香叶炒香，倒入大米，炒
至水分收干，放入西红柿丁，倒入煮好的汤料。

4 加朗姆酒，煮沸，焖片刻，放入奶酪片，焖10
分钟，盛出加芝士粉、香菜末，放上圣女果即可。

甜辣肉松牛油果泡菜拌饭

时间：12分钟

热量：306大卡

|原料|

冷米饭150克，鸡肉末、牛油果各100克，泡菜40克，白洋葱35克，柠檬汁5毫升，温泉蛋1个，姜末、蒜末、熟白芝麻各少许

|调料|

白糖10克，盐、辣椒粉各3克，白胡椒粉2克，椰子油5毫升，料酒4毫升，生抽3毫升

小贴士 将白洋葱对半切开后，先泡一下凉水再继续切，就不会刺激眼睛了。

做法 ↘

1 牛油果对半切开，剥去皮，切开去核，切成小块；洗净的白洋葱切去底部，切成丁。

2 热锅注入椰子油，倒入白洋葱，炒香，倒入鸡肉末炒散，炒至转色。

3 加入盐、白胡椒粉、料酒、白糖、生抽，炒匀入味。

4 加入辣椒粉、蒜末、姜末，炒匀入味。

5 将炒好的食材盛入碗中。

6 往牛油果上面淋上椰子油、柠檬汁，拌匀。

7 往备好的碗中倒入米饭，铺上牛油果、泡菜、鸡肉末。

8 打上温泉蛋，撒上熟白芝麻即可。

黑米

黑米中的黄酮类化合物能维持血管正常渗透压，降低血管脆性，防止血管破裂，还有止血作用。此外，常食黑米对于减肥、预防便秘均有好处。

每100克	热量	341Kcal
	纤维素	3.9g
	蛋白质	9.4g
	磷	356mg

黑米莲子糕

时间：35分钟
热量：215大卡

|原 料| 水发黑米100克，水发糯米50克，莲子适量

|调 料| 白糖20克

做法 ↘

1 备好的碗中倒入黑米、糯米、白糖，拌匀。

2 将拌好的食材倒入模具中，再摆上莲子，将剩余的食材依次倒入模具中，备用。

3 电蒸锅注水烧开上汽，放入米糕，盖上锅盖，调转旋钮定时30分钟。

4 30分钟后掀开锅盖，将米糕取出即可。

木瓜蔬果蒸饭

时间：47分钟
热量：437大卡

|原料|

木瓜700克，水发大米、水发黑米各70克，胡萝卜丁、青豆各30克，葡萄干25克

|调料|

盐3克，食用油适量

做法 ↘

1 事先将木瓜洗净，切去一小部分，用刀雕刻成木瓜盖和盅，挖去籽及木瓜肉；将木瓜肉切成小块。

2 木瓜盅里倒入黑米、大米、青豆、胡萝卜、木瓜肉、葡萄干，加入食用油、盐，注水拌匀，盖上木瓜盖。

3 蒸锅中注入适量清水烧开，放入木瓜盅，加盖，大火蒸45分钟至食材熟软。

4 揭盖，关火后取出木瓜盅，打开木瓜盖即可。

1   2   3   4

河粉

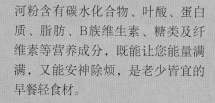

河粉含有碳水化合物、叶酸、蛋白质、脂肪、B族维生素、糖类及纤维素等营养成分，既能让您能量满满，又能安神除烦，是老少皆宜的早餐轻食材。

『每100克』	热量	220Kcal
	纤维素	0.2g
	蛋白质	4.3g
	脂肪	0.6g

虾酱凉拌河粉

时间：10分钟
热量：293大卡

|原料| 河粉400克，西红柿、黄瓜各100克，虾仁80克，花生米50克，罗勒叶少许

|调料| 盐、鸡粉各2克，白糖3克，虾酱5克，鱼露2毫升，辣椒油、生抽、米醋、食用油各适量

做法 ↘

1 洗净的黄瓜切丝；洗好的西红柿去蒂，切粗丝；处理好的虾仁横切一刀，不要切断。

2 花生米入油锅炸至酥脆，捞出；沸水锅中倒入虾仁，焯至变红，入凉水中冷却后装盘。

3 沸水锅中倒入河粉稍煮，捞出用凉水冷却，沥水，加入西红柿、黄瓜、花生米、罗勒叶、虾仁。

4 倒入盐、鸡粉、生抽、鱼露、米醋、白糖、辣椒油、虾酱，拌匀即可。

西红柿鸡蛋河粉

| 原料 |

河粉400克，西红柿100克，鸡蛋1个，炸蒜片、葱花各少许

| 调料 |

盐2克，鸡粉3克，生抽、食用油各适量

做法 ↘

1 洗净的西红柿横刀切片。

2 锅中注入适量清水烧开，倒入河粉，稍煮片刻至熟软，将煮好的河粉盛入碗中，备用。

3 用油起锅，打入鸡蛋，煎至成形，倒入西红柿，注入清水，加入盐、鸡粉、生抽，拌匀。

4 稍煮片刻至其入味，将煮好的西红柿鸡蛋汤液盛入装有河粉的碗中，放上炸蒜片、葱花即可。

面条

面条在胃中的消化时间比较长，能使人长时间产生饱腹感，这对于保持体重是有益的，可以列入减肥食谱。常食面条还有助于养胃、促进营养的吸收。

每100克	热量	283Kcal
	纤维素	1.5g
	蛋白质	8.5g
	钙	13mg

菌菇温面

时间：12分钟
热量：489大卡

|原料|

挂面150克，杏鲍菇90克，金针菇、蟹味菇各80克，七味唐辛子5克，葱花少许

|调料|

椰子油、生抽各5毫升，料酒8毫升

做法 ↘

1 洗净的杏鲍菇切丁；洗净的蟹味菇去根，切小段；洗净的金针菇切段。

2 热锅注入椰子油烧热，倒入杏鲍菇、蟹味菇、金针菇，炒匀。

3 加入生抽、料酒，炒匀入味，加盖，小火焖5分钟。

4 揭盖，将食材盛入盘中，待用。

5 沸水锅中倒入挂面，煮至熟软。

6 将煮好的挂面捞出，放入凉水中降温。

7 将冷却的挂面捞出，沥干水分，往挂面中倒入菇类，拌匀。

8 往备好的盘中倒入食材，撒上葱花、七味唐辛子即可。

西红柿牛肉面

时间：9分钟
热量：360大卡

|原料|

面条250克，牛肉汤300毫升，西红柿100克，蒜末、葱花各少许

|调料|

番茄酱、食用油各适量

做法 ↘

1 洗好的西红柿对半切开，改切成块。

2 锅中注水烧开，放入面条轻轻搅拌，煮约4分钟，至面条熟透后捞出装碗。

3 起油锅，爆香蒜末，挤入番茄酱炒香，倒入牛肉汤，大火略煮，放入西红柿煮至断生。

4 盛出煮好的汤料，浇在面条上，点缀上葱花即成。

沙茶墨鱼面

时间：10分钟
热量：463大卡

| 原料 |

油面170克，墨鱼肉75克，胡萝卜50克，黄瓜45克，红椒10克，蒜末少许，柴鱼片汤450毫升

| 调料 |

沙茶酱12克，生抽5毫升，水淀粉、食用油各适量

做法 ↘

1 胡萝卜去皮洗净，切薄片；黄瓜洗净切薄片；红椒洗净切圈；墨鱼肉洗净切花刀，再切块。

2 锅中注水烧热，倒入墨鱼汆去腥味，捞出；锅中注水烧开，倒入油面煮至熟透，捞出。

3 起油锅，爆香蒜末，倒入墨鱼块、沙茶酱，炒匀，倒入柴鱼片汤、胡萝卜片、红椒圈。

4 煮沸，撇去浮沫，加水淀粉、生抽，制成汤料，盛入装有面条的碗中，撒上黄瓜片即可。

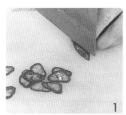

金枪鱼酱拌面 / 时间：10分钟
热量：262大卡

| 原料 |

荞麦面140克，金枪鱼酱45克，洋葱丝20克，姜末少许

| 调料 |

芥末酱少许

做法 ↘

1 锅中注入适量清水烧开，放入备好的荞麦面，搅散。

2 煮约4分钟至面条熟透，关火后捞出煮好的面条，沥干水分待用。

3 取一个盘子，倒入煮熟的荞麦面，放入备好的金枪鱼酱、洋葱丝。

4 撒上姜末，挤入少许芥末酱即成。

 1
 2
 3
 4

麻酱鸡丝凉面

时间: 11分钟
热量: 292大卡

|原料|

乌冬面240克，熟鸡胸肉110克，黄瓜100克，胡萝卜55克，水发木耳45克，绿豆芽40克，熟白芝麻适量，蒜末、葱花各少许

|调料|

腐乳汁8克，花生酱15克，生抽5毫升，陈醋7毫升，白糖少许

做法 ↘

1 洗净去皮的胡萝卜切丝；洗好的绿豆芽去除头尾；洗净的黄瓜切细丝；熟鸡胸肉切丝。

2 胡萝卜丝煮至断生后捞出；绿豆芽煮至断生后捞出；木耳煮至熟软后捞出。

3 碗中放入腐乳汁、花生酱、生抽、陈醋、白糖，倒入蒜末、葱花，拌匀，制成酱汁。

4 锅中注水烧开，倒入乌冬面煮熟，捞出装盘，放入胡萝卜丝、绿豆芽、鸡肉丝、黄瓜、木耳，浇上酱汁，撒上熟白芝麻即可。

荞麦

荞麦中含有19种氨基酸，符合人体的营养所需。荞麦中的某些黄酮成分还具有抗菌、消炎、止咳、平喘、祛痰的作用，因此，荞麦有"消炎粮食"的美称。

每100克		
	热量	37Kcal
	纤维素	6.5g
	脂肪	2.3g
	蛋白质	9.3g

海带丝山药荞麦面

时间：11分钟
热量：263大卡

|原料| 荞麦面140克，山药75克，水发海带丝30克，日式面汤400毫升

做法 ↘

1 将去皮洗净的山药切开，再切条形，改切成段，备用。

2 锅中注水烧开，放入荞麦面，拌匀，用中火煮约4分钟至面条熟透，捞出。

3 另起锅，注入日式面汤，煮沸，放入洗净的海带丝、山药，煮至熟透，制成汤料。

4 取一个汤碗，放入煮熟的面条，再盛入锅中的汤料即成。

杂粮饭

时间：41分钟
热量：296大卡

| 原料 |

水发大米50克，水发红米、水发燕麦、水发荞麦、水发小米各30克

做法 ↘

1 电饭锅中倒入红米、燕麦、小米、大米、荞麦，注入适量清水至水位线1，拌匀。

2 盖上盖，按"功能"键，选择"五谷饭"功能。

3 时间设为40分钟，开始蒸煮，时间到，按"取消"键断电，开盖。

4 盛出蒸好的杂粮饭，装入碗中即可。

燕麦片

燕麦中含有大量的抗氧化成分，这些物质可以减少黑色素的形成，淡化色斑，保持皮肤白皙靓丽。燕麦富含亚油酸，对于增强体力、延年益寿也大有裨益。

每100克	热量	367Kcal
	纤维素	5.3g
	脂肪	6.7g
	蛋白质	15g

| 原料 |

燕麦片、酸奶各100克，香蕉70克，圣女果60克，椰粉40克，葡萄干30克

| 调料 |

椰子油5毫升，盐2克，绵白糖40克

椰子油格兰诺拉麦片

时间：5分钟
热量：498大卡

做法 ↘

1 香蕉去皮，切成薄片；圣女果对半切开。

2 往备好的锅中放入清水、绵白糖、盐，充分拌匀。

3 开火，加入椰子油，拌匀，倒入燕麦片、椰粉，继续搅拌。

4 关火后将拌匀的燕麦片盛入铺放了厨房纸的烤盘中，待用。

5 备好微波炉，打开箱门，放入烤盘。

6 关上箱门，烤2分钟，打开箱门，取出烤盘。

7 往备好的碗中放入烤好的燕麦片、葡萄干，拌匀，放凉。

8 将放凉的食材盛入备好的碗中，摆上香蕉、圣女果，淋上酸奶即可。

贝壳面

贝壳面口感好、风味独特，其主要营养成分有蛋白质、碳水化合物等，易于消化吸收，有改善贫血、增强免疫力等功效，是风靡轻食界的健康主食。

每100克	热量	367Kcal
	碳水化合物	71g
	脂肪	1.5g
	蛋白质	14.8g

南瓜奶油贝壳面

时间：11分钟
热量：168大卡

|原料| 贝壳面200克，南瓜30克，奶油5克，意式蔬菜汤300毫升，姜丝少许

|调料| 生抽、胡椒粉各适量

做法 ↓

1 将洗净去皮的南瓜切成片，备用。

2 锅中注入适量清水烧开，倒入贝壳面，煮至熟软后捞出，装入碗中备用。

3 另起锅，倒入奶油，放入南瓜，拌匀，倒入姜丝、意式蔬菜汤，再次拌匀。

4 加入生抽、胡椒粉，拌匀，略煮一会儿至食材熟透，盛出煮好的汤料，放入贝壳面中即可。

苹果紫薯焗贝壳面

时间：17分钟
热量：304大卡

| 原料 |

熟贝壳面160克，苹果100克，去皮紫薯90克，奶酪、荷兰豆各40克

| 调料 |

盐3克，黄油适量

做法 ↘

1 洗净的苹果对半切开，去核，切片；紫薯对半切开，再切片。

2 沸水锅中加入盐，放入黄油，加热熔化，倒入贝壳面、荷兰豆，煮至熟软，装盘。

3 往盘中交错摆放上苹果片、紫薯片，铺上奶酪，再放入烤箱中，关上烤箱门。

4 将上下管调至180℃，时间刻度调至10分钟，待时间到后打开箱门，取出贝壳面即可。

意面

意面含有蛋白质、碳水化合物等营养成分，是西餐中比较受欢迎的一种食物。意面选用淀粉量大的粮食精加工而成，常食不仅能补充能量，还能改善贫血的症状。

每100克	热量	338Kcal
	碳水化合物	68g
	蛋白质	12g
	纤维素	2g

西红柿牛肉烩通心粉

时间：11分钟
热量：386大卡

|原料| 熟意大利通心粉、牛肉各150克，西红柿70克，洋葱丁、蒜片各20克，面粉10克

|调料| 盐、鸡粉、白糖、黑胡椒粉各3克，橄榄油、黄油、番茄酱各适量

做法 ↓

1 洗净的西红柿去蒂，切小块；将事先洗净的牛肉切片，加盐、鸡粉、面粉、橄榄油拌匀，腌渍至入味。

2 热锅中放入黄油，爆香一部分洋葱丁、蒜片，倒入意大利通心粉，调入番茄酱、盐、鸡粉，炒匀后盛出。

3 另起锅注入橄榄油，烧热，炒香另一部分蒜片、洋葱丁，倒入牛肉炒至转色，加入番茄酱拌匀。

4 淋上适量清水，调入盐、鸡粉、白糖、黑胡椒粉，倒入西红柿，炒匀，盛放在通心粉上即可。

西蓝花西红柿意面

| 原料 |

熟螺丝形意大利面、西蓝花各90克，西红柿85克，洋葱、青椒各40克，意大利香草调料10克，蒜头2颗

| 调料 |

盐、黑胡椒各2克，橄榄油、食用油各适量

做法 ↘

1 蒜头切片；洋葱洗净切块；青椒洗净去籽，切块；西蓝花洗净切朵；西红柿洗净切丁。

2 锅中注水煮开，加入食用油、盐，倒入西蓝花，煮至断生，捞出，沥干水分。

3 热锅加橄榄油，炒香蒜片、洋葱块，放入青椒块、意大利面炒匀，注水，加盐、黑胡椒。

4 放入西红柿丁、西蓝花，翻炒片刻，盛入盘中，再撒上备好的意大利香草调料即可。

黑椒牛柳炒意面

时间: 6分钟
热量: 374大卡

| 原料 |

熟意大利面170克，牛肉丝80克，
洋葱丝、红椒丝、青椒丝各30克，
胡萝卜丝50克

| 调料 |

盐、鸡粉、生粉各2克，黑胡椒粉4
克，老抽3毫升，生抽、橄榄油、食
用油各5毫升

做法 ↘

1 事先往牛肉丝中加入盐、鸡粉，放入生抽、生
粉、食用油，拌匀，腌渍至入味。

2 热锅中注入橄榄油，放入洋葱丝、红椒丝、青
椒丝、胡萝卜丝，炒匀。

3 倒入牛肉丝，翻炒至稍稍转色，放入意大利
面，炒匀，加入盐、鸡粉，炒匀。

4 加入黑胡椒粉，炒出香味，加入老抽，翻炒数
下至着色均匀，盛出装盘即可。

美味西红柿意面

时间：26分钟
热量：273大卡

|原料| 意大利面150克，西红柿110克，大蒜2瓣

|调料| 椰子油5毫升，盐、白胡椒粉各3克

做法 ↘

1 洗净的西红柿去蒂，切成厚片；洗净的大蒜切片，再切碎。

2 沸水锅中倒入意大利面，煮沸，转小火煮10分钟，捞出放入凉水中，冷却后捞出。

3 热锅注入椰子油烧热，铺放上西红柿，倒入大蒜，炒香，注水，加入盐，拌匀。

4 转小火，将西红柿焖15分钟至熟软，捞出摆放在意大利面上，撒上白胡椒粉即可。

彩色意面沙拉

时间：14分钟
热量：387大卡

|原料| 意面100克，黄彩椒丁、圆椒丁、胡萝卜丁各30克，腌黄瓜20克

|调料| 沙拉酱适量，盐3克

做法 ↘

1 锅注水煮沸，放入意面、盐，大火煮3分钟，转小火，盖上锅盖煮5分钟，捞出，装盘。

2 腌黄瓜切成丁。

3 锅注水煮沸，放入胡萝卜丁、黄彩椒丁、圆椒丁，焯水3分钟，捞至意面上。

4 放入腌黄瓜丁，挤上沙拉酱即可。

吐司

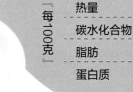

吐司是面包再加工后的产物，具有与面包一样的营养价值，但口感、味道方面均略胜一筹，特别适合做成简约、营养的三明治等美食。

『每100克』	热量	278Kcal
	碳水化合物	46.23g
	脂肪	7g
	蛋白质	8.8g

小黄瓜奶酪三明治

时间：2分钟
热量：130大卡

| 原料 |

黄瓜45克，奶酪25克，面包片15克

| 调料 |

沙拉酱适量

做法 ↘

1 把面包片的边缘修整齐，再沿对角线切成两片。

2 洗净的黄瓜切薄片，切细丝，改切成粒。

3 奶酪切丝，改切成粒。

4 取一个干净的碗，倒入黄瓜、奶酪，挤入适量沙拉酱，拌匀待用。

5 取一片面包，放平，放入拌好的材料，摊平铺开。

6 再挤入少许沙拉酱。

7 放上另一片面包，夹紧，制成三明治。

8 另取一盘，放上做好的三明治，摆好盘即可。

素食口袋三明治

时间: 5分钟
热量: 157大卡

|原料|

吐司4片，生菜叶2片，西红柿片1片，黄瓜片适量

|调料|

沙拉酱适量

做法 ↘

1 取一片吐司，刷上沙拉酱，放上黄瓜片，再刷上一层沙拉酱，放上一片吐司。

2 再涂上一层沙拉酱，放上洗净的生菜叶，生菜叶上刷一层沙拉酱，放上吐司，刷上沙拉酱。

3 放上西红柿片，西红柿上刷少许沙拉酱，盖上一片吐司，三明治制成。

4 用刀将三明治切成两个三角状，装盘即可。

1　　　　2　　　　3　　　　4

柠檬鸡柳吐司卷

时间：14分钟
热量：273大卡

| 原料 |

鸡胸肉90克，生菜85克，小黄瓜75克，吐司面包片70克，柠檬40克，葡萄干30克，海苔、胡萝卜条各20克

| 调料 |

盐1克，黑胡椒粉2克，料酒、水淀粉各5毫升，食用油适量

做法 ↘

1 面包切去四周的焦边部分；小黄瓜洗净切丝；生菜洗净切丝；鸡胸肉洗净，切成鸡柳。

2 将鸡柳装碗、加料酒、盐、黑胡椒粉、水淀粉、食用油腌渍至入味；鸡柳焯水至断生，捞出。

3 取出海苔，在其一端放上吐司，放入鸡柳、生菜丝、黄瓜丝、胡萝卜条和葡萄干。

4 挤上柠檬汁，将海苔和吐司卷起，制成吐司卷，用相同做法处理完剩余的食材，装盘即可。

金枪鱼三明治

时间：6分钟
热量：352大卡

| 原料 |

吐司片、西生菜各80克，熟金枪鱼60克，西红柿、洋葱丁各40克，红椒丁35克

| 调料 |

沙拉酱40克

做法 ↘

1 取一个碗，放入熟金枪鱼，加入洋葱丁、红椒丁，将食材压散，挤上沙拉酱，拌匀，待用。

2 取一个盘，放上一片吐司，铺上西生菜，放上适量拌好的食材，再铺上西红柿、西生菜。

3 放上一片吐司，铺上西生菜，放上拌好的食材，再盖上一片吐司，制成三明治。

4 将三明治四周修整齐，沿着三明治对角线切成三角形状，将切好的三明治摆放在盘中即可。

香蕉三明治

时间：5分钟
热量：302大卡

|原 料|

香蕉120克，面包100克，椰粉20克

|调 料|

花生黄油15克

做法 ↘

1 香蕉切去尾部，去皮，改切成片。

2 取出两片面包，均匀地涂抹上花生黄油，摆放上香蕉片。

3 往香蕉片上撒上椰粉，盖上另外一片抹上花生黄油的面包，制成三明治。

4 将制作好的三明治对半切开，摆放在备好的盘中即可。

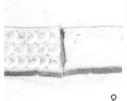

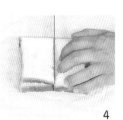

2   3   4

樱桃萝卜三明治

时间: 3分钟
热量: 241大卡

|原料|

樱桃萝卜160克，吐司80克

|调料|

发酵黄油适量

做法 ↘

1 洗净的樱桃萝卜去头尾，切片。

2 往吐司片上涂抹上发酵黄油，往吐司片上放上樱桃萝卜，再叠上一片吐司。

3 同样往面包上抹上适量的发酵黄油，继续摆放上樱桃萝卜，再盖上一片面包，制成三明治。

4 将制作好的三明治对半切开，摆放在备好的盘中即可。

 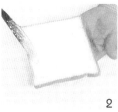 

1　　　　2　　　　3　　　　4

第五章

清除体内垃圾……

汤&粥

很多汤和粥都是身体的"清洁剂"，它们能帮助人体排出体内堆积的毒素和废物。而所有纤维素含量高的蔬菜，都有润肠通便的作用，从而达到排出体内毒素的效果。所以，日常生活中，在汤和粥的品种的选择上也是有讲究的。

大白菜

大白菜富含水分、粗纤维、维生素及多种微量元素，可清热解毒、消食健胃，对于想要瘦身的人来说，是很好的轻食食材。

「每100克」

	热量	18Kcal
	胡萝卜素	0.12mg
	钙	50mg
	钠	57.5mg

开水枸杞大白菜

时间：17分钟
热量：47大卡

|原 料| 大白菜200克，姜片4片，枸杞、葱花各3克

|调 料| 盐2克，料酒3毫升

做法 ↘

1 洗净的大白菜切去根部，再切段。

2 取电饭锅，倒入大白菜段，注入适量开水，加入姜片、盐、料酒，拌匀。

3 盖上盖，按"功能"键，选择"蒸煮"功能，时间为15分钟，开始蒸煮。

4 按"取消"键断电，开盖，放入枸杞、葱花拌匀，盛出，装入碗中即可。

香菇白菜黄豆汤

时间：22分钟
热量：167大卡

| 原 料 |

水发黄豆70克，水发香菇60克，白
菜50克，白果40克

| 调 料 |

盐、鸡粉各2克，胡椒粉适量

做法 ↘

1 洗好的白菜切成段，备用。

2 锅中注水烧开，倒入白果、黄豆，再放入洗好
的香菇，搅拌均匀。

3 盖上锅盖，烧开后转小火煮大约20分钟至食材
熟软。

4 揭开锅盖，倒入白菜搅匀，煮至断生，加入适
量盐、鸡粉、胡椒粉，搅匀调味即可。

油菜

油菜（上海青）为低脂肪蔬菜，且含有纤维素，它能与胆酸盐和食物中的胆固醇、三酰甘油结合，并从体内排出，从而减少人体对脂类的吸收。

『每100克』

热量	25Kcal
纤维素	1.1g
钙	108mg
磷	39mg

玉米油菜汤

时间: 27分钟
热量: 159大卡

| 原 料 | 油菜、胡萝卜块各120克，玉米段80克，高汤适量

| 调 料 | 盐、鸡粉、胡椒粉各2克

做法 ↘

1 锅中注水烧开，放入洗净的油菜焯至断生，夹出，待用。

2 砂锅中注入高汤烧开，倒入洗净的胡萝卜和玉米段，搅匀。

3 盖上盖，烧开后转中火煮约20分钟至食材熟透。

4 揭盖，加入鸡粉、盐、胡椒粉拌匀调味，盛入碗中，用筷子把焯好的油菜夹入碗中即可。

冬笋油菜海味汤

| 原料 |

冬笋片150克，油菜130克，鱿鱼片120克，虾米25克，姜丝少许

| 调料 |

盐、鸡粉、胡椒粉各2克，芝麻油少许

做法 ↘

1 锅中注水烧开，倒入冬笋片，加入姜丝、虾米，搅拌均匀。

2 倒入鱿鱼片，拌匀，放入盐、鸡粉。

3 放入洗净的油菜，煮约2分钟至熟，加入胡椒粉、芝麻油，搅拌均匀。

4 盛出煮好的汤料，装入碗中即可。

芹菜

芹菜含有蛋白质、碳水化合物、维生素、钙、磷等成分，具有降低血压、润肠通便、美白护肤等功效，而且会散发出特殊的清香味道，是较好的轻食食材。

『每100克』	热量	17Kcal
	纤维素	1.4g
	钙	48mg
	磷	50mg

亚洲风味蛤仔芹菜

时间：8分钟
热量：489大卡

|原 料|

蛤蜊200克，芹菜、红彩椒各60克，高汤100毫升

|调 料|

椰子油4毫升，黑胡椒粉2克，柠檬汁、泰国鱼酱、香菜各适量，盐少许

做法 ↘

1 择洗好的芹菜切成小粒。

2 洗净去籽的红彩椒切条，再切成丁，待用。

3 热锅倒入椰子油烧热，加入适量清水。

4 倒入高汤、柠檬汁、泰国鱼酱，拌匀，煮沸。

5 加入蛤蜊、芹菜、红彩椒，拌匀，煮至蛤蜊开口。

6 加入少许盐，搅拌调味。

7 关火后将煮好的汤盛入碗中。

8 再撒上黑胡椒粉、香菜即可。

芹菜糙米粥

时间：48分钟
热量：264大卡

| 原料 |

水发糙米100克，芹菜根30克，葱花少许

| 调料 |

盐适量

做法 ↘

1 洗净的芹菜切碎，待用。

2 砂锅中注入适量的清水烧热，倒入泡发好的糙米，拌匀。

3 盖上锅盖，大火煮开后转小火煮45分钟至米粒熟软。

4 掀开锅盖，倒入芹菜碎拌匀，再加入盐拌匀，盛出装入碗中，撒上葱花即可。

鲜虾芹菜粥

时间: 131分钟
热量: 168大卡

| 原料 |

水发大米100克，鲜虾80克，芹菜60克，姜片适量

| 调料 |

盐3克

做法 ↘

1 择洗好的芹菜切成小段。

2 备好电饭锅，加入泡发好的大米，注入适量的清水，盖上盖，按下"功能"键，调至"米粥"状态，煮2小时后，按下"取消"键。

3 打开锅盖，倒入处理好的虾、芹菜、姜片，拌匀，盖上盖，继续调至"米粥"状态，焖10分钟。

4 10分钟后，按下"取消"键，打开盖，加入盐，搅拌调味即可。

芥菜

芥菜含有大量的抗坏血酸，可提神醒脑、缓解疲劳。而且芥菜组织较粗硬，还含有胡萝卜素和纤维素，可明目、宽肠，对瘦身很有好处。

『每100克』

热量	16Kcal
蛋白质	1.8g
纤维素	1g
胡萝卜素	1.7mg

干贝胡萝卜芥菜汤

时间：22分钟
热量：61大卡

| 原料 |

芥菜100克，春笋50克，胡萝卜30克，水发香菇15克，水发干贝8克

| 调料 |

盐2克，鸡粉3克，胡椒粉适量

做法 ↘

1 洗净去皮的春笋切片；洗好去皮的胡萝卜切片。

2 洗净的香菇切片；洗好的芥菜切小段，备用。

3 锅中注入适量清水烧开，倒入春笋，煮5分钟，捞出。

4 砂锅中注入适量清水，倒入洗好的干贝。

5 放入香菇、春笋，拌匀，煮至沸腾。

6 倒入胡萝卜、芥菜，拌匀。

7 盖上盖，续煮15分钟至食材熟透。

8 揭盖，加入盐、鸡粉、胡椒粉，拌匀即可。

第五章

清除体内垃圾：汤&粥

干紫菜

紫菜含有碘、钙、铁、多糖等多种营养成分，可增强记忆力、促进骨骼生长、提高人体免疫力，而且热量不高，非常适合需要瘦身的人群食用。

每100克		
热量	250Kcal
纤维素	21.6g
胡萝卜素	1.4mg
钙	264mg

紫菜萝卜蛋汤

时间: 6分钟
热量: 190大卡

| 原料 | 白萝卜230克，水发紫菜160克，鸭蛋1个，陈皮末、葱花各少许

| 调料 | 盐、鸡粉各2克，芝麻油适量

做法 ↘

1 洗净去皮的白萝卜切成薄片，再切成细丝；将鸭蛋打散调匀，制成蛋液。

2 锅中注水烧热，倒入陈皮末煮沸，倒入白萝卜拌匀，煮至断生。

3 放入紫菜拌匀，煮至沸腾，加入盐、鸡粉、芝麻油，拌匀调味。

4 撇去浮沫，倒入蛋液拌匀，煮至蛋花成形，装入碗中，撒上葱花即可。

紫菜笋干豆腐煲

| 原料 | 豆腐150克，笋干粗丝30克，虾皮10克，水发紫菜、枸杞各5克，葱花2克

| 调料 | 盐、鸡粉各2克

做法 ↘

1 洗净的豆腐切片。

2 砂锅注水烧热，倒入笋干、虾皮、豆腐拌匀，再加入盐、鸡粉拌匀。

3 加盖，用大火煮15分钟至食材熟透。

4 揭盖，倒入枸杞、紫菜，加入盐、鸡粉拌匀，装在碗中，撒上葱花点缀即可。

时间：17分钟
热量：164大卡

紫菜南瓜汤

| 原料 | 水发紫菜180克，南瓜100克，鸡蛋1个，虾皮少许

| 调料 | 盐、鸡粉各2克，芝麻油适量

做法 ↘

1 洗净去皮的南瓜切成小块；鸡蛋打入碗中，打散调匀，制成蛋液。

2 锅中注水烧开，放入备好的虾皮、南瓜，用大火煮约5分钟。

3 放入紫菜拌匀，煮至熟软，加入盐、鸡粉、芝麻油，拌匀调味。

4 倒入蛋液，搅散，使其呈蛋花状，盛出煮好的汤料即可。

时间：8分钟
热量：112大卡

南瓜

南瓜含有丰富的胡萝卜素，可以健脾、护肝、预防胃炎、防治夜盲症，亦能使皮肤变得细嫩，并有中和致癌物质的作用。

每100克		
热量	23Kcal
纤维素	0.8g
胡萝卜素	0.89mg
磷	24mg

韩式南瓜粥

时间：13分钟
热量：170大卡

| 原料 | 去皮南瓜200克，糯米粉60克

| 调料 | 冰糖20克

做法 ↘

1 洗净的南瓜切片；取一个碗，放入糯米粉，注入适量清水搅拌均匀，制成糯米糊。

2 蒸锅中注水烧开，放入南瓜，大火蒸10分钟至熟，取出。

3 将蒸好的南瓜倒入碗中，压成泥状，待用。

4 砂锅中注水烧热，倒入南瓜泥、糯米糊、冰糖拌匀，稍煮片刻至入味即可。

牛肉南瓜粥

时间：49分钟

热量：155大卡

| 原料 |

水发大米90克，去皮南瓜85克，牛肉45克

做法 ↘

1 蒸锅上火烧开，放入洗好的南瓜、牛肉，用中火蒸约15分钟，取出，放凉待用。

2 将放凉的牛肉、南瓜切成粒状。

3 砂锅中注水烧开，倒入泡发洗净的大米搅匀，烧开后用小火煮约10分钟。

4 倒入牛肉、南瓜拌匀，用中小火煮约20分钟至所有食材熟透即可。

冬瓜

冬瓜中所含的丙醇二酸，能有效地抑制糖类转化为脂肪，加之冬瓜本身不含脂肪，热量不高，食用冬瓜对预防肥胖有很大意义，可以助人形体健美。

每100克		
热量	12Kcal
纤维素	0.7g
维生素C	18mg
磷	12mg

莲子干贝煮冬瓜

时间: 32分钟
热量: 123大卡

| 原 料 | 水发干贝、水发莲子各15克，冬瓜800克

| 调 料 | 盐、鸡粉各1克，料酒5毫升

做法 ↘

1 水发干贝撕成丝；冬瓜去瓤、去皮，切成大块。

2 砂锅中注入适量清水，倒入干贝丝、泡发的莲子、切好的冬瓜。

3 加入料酒拌匀，加盖，用大火煮30分钟至熟软。

4 揭盖，加入盐、鸡粉拌匀，盛出煮好的菜肴，装在碗中即可。

冬瓜西红柿汤

时间: 15分钟
热量: 36大卡

| 原料 |

冬瓜块、西红柿各120克，高汤适量，葱花少许

| 调料 |

盐、鸡粉各2克，食用油适量

做法 ↘

1 热锅注油，放入洗净切好的西红柿，炒出香味。

2 倒入准备好的高汤，至没过西红柿为宜。

3 倒入洗净的冬瓜块拌匀，用中火煮约10分钟至食材熟透。

4 加少许鸡粉、盐调味，拌煮片刻后装入碗中，撒上葱花即可。

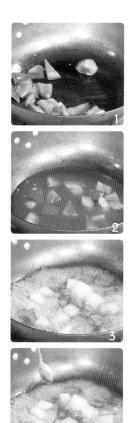

玉米

玉米中的维生素E含量较高，可降低血液胆固醇浓度并防止其沉积于血管壁，能够防止脂肪堆积，从而达到瘦身的作用。

每100克		
热量	112Kcal
维生素C	16mg
纤维素	2.9g
磷	117mg

胡萝卜玉米牛蒡汤

时间：36分钟
热量：293大卡

|原料|
玉米棒150克，牛蒡140克，胡萝卜90克

|调料|
盐、鸡粉各2克

做法 ↘

1 将去皮洗净的胡萝卜对半切开，分成条形，再切成小块。

2 洗净的玉米棒对半切开，再切成小块。

3 去皮洗净的牛蒡切滚刀块。

4 砂锅中注入适量清水烧开，倒入切好的牛蒡。

5 再放入胡萝卜块，倒入切好的玉米棒。

6 盖上盖子，煮沸后用慢火煮约30分钟至食材熟透。

7 取下盖子，加入盐、鸡粉，拌匀调味，续煮一会儿至食材入味。

8 关火后盛出煮好的牛蒡汤，装在碗中即成。

玉米西红柿杂蔬汤

时间: 15分钟
热量: 113大卡

| 原料 |

胡萝卜、西红柿、玉米段、莴笋块各60克，洋葱30克，芹菜20克，高汤适量

| 调料 |

盐、鸡粉各2克

做法 ↘

1 砂锅中注入适量高汤烧开，放入莴笋块、玉米段、胡萝卜块、西红柿搅匀。

2 盖上锅盖，烧开后转小火煮大约10分钟，至食材断生。

3 打开锅盖，放入芹菜段和洋葱块拌匀，加少许鸡粉、盐，拌匀调味。

4 盖上盖，用大火煮约2分钟至食材熟透，装入碗中即可。

杏仁山药玉米粥

时间: 53分钟
热量: 204大卡

| 原料 |

山药100克，玉米碎80克，南杏仁15克，姜丝、葱花各少许

| 调料 |

盐、鸡粉各2克

做法 ↘

1 洗净去皮的山药切片，再切条，切丁。

2 砂锅中注水烧开，倒入南杏仁、玉米碎、山药丁，拌匀。

3 盖上锅盖，烧开后转小火煮50分钟至熟软。

4 揭开锅盖，放入姜丝、盐、鸡粉，搅匀调味，装入碗中，撒上葱花即可。

山药

山药含多种氨基酸和糖蛋白、黏液质、维生素等成分，是一种高营养、低热量的食品，可以放心地食用，而且不会有发胖的后顾之忧。

『每100克』

	热量	57Kcal
	纤维素	0.8g
	蛋白质	1.9g
	磷	34mg

山药鸡丝粥

时间：52分钟
热量：460大卡

| 原料 | 水发大米120克，山药100克，鸡胸肉65克，油菜25克

| 调料 | 盐3克，鸡粉2克，料酒3毫升，水淀粉、食用油各适量

做法 ↘

1 将洗好的油菜切碎；去皮洗净的山药切小丁块；事先洗好的鸡胸肉切细丝，加入盐、鸡粉、料酒、水淀粉拌匀，注油腌渍至入味。

2 砂锅中注水烧热，倒入洗净的大米搅匀，大火烧开后改小火煮约30分钟。

3 倒入山药丁拌匀，用小火煮约15分钟至山药断生。

4 撒上鸡肉丝、盐、鸡粉、油菜拌匀，转中火煮约5分钟至食材熟透即成。

玉米山药糊

时间：6分钟
热量：391大卡

| 原料 |

山药90克，玉米粉100克

做法 ↘

1 将去皮洗净的山药切条，再切小块。

2 取一小碗，放入备好的玉米粉，倒入适量清水，一边倒一边搅拌，制成玉米糊待用。

3 砂锅注水烧开，放入山药丁拌匀，倒入调好的玉米糊，一边倒一边搅拌。

4 用中火煮约3分钟至食材熟透，盛出煮好的山药米糊，装在碗中即成。

红薯

红薯含有钾、叶酸、维生素、粗纤维等，活性成分也较多，具有抗癌、保护心脏、预防肺气肿、减肥、美容等功效，有"长寿食品"的美誉。

『每100克』	热量	102Kcal
	蛋白质	1.1g
	维生素C	26mg
	纤维素	1.6g

红薯椰子油浓汤

时间：4分钟
热量：302大卡

| 原 料 | 去皮红薯250克，牛奶100毫升，薄荷叶少许

| 调 料 | 椰子油5毫升，盐3克

做法 ↘

1 红薯对半切开后切成瓣，再改切成小块；洗净的薄荷叶切碎待用。

2 往榨汁杯中加入红薯、牛奶、椰子油、盐。

3 将榨汁杯安装在底座上，加盖，榨取汁水。

4 揭盖，将榨好的汁倒入锅中，煮至烧开，盛入碗中，撒上薄荷叶即可。

电饭锅红薯杂粮粥

时间：63分钟
热量：629大卡

第五章
清除体内垃圾……汤&粥

|原料|

红薯块70克，水发大米、水发绿豆、燕麦各50克，碎玉米30克

做法 ↘

1 备好电饭锅，打开盖，倒入洗净的大米和绿豆。

2 放入红薯块，倒入洗好的燕麦与玉米碎，注入适量清水，搅匀。

3 盖上盖，按功能键，调至"八宝粥"图标，煮约60分钟至食材熟透。

4 按下"取消"键，断电后揭盖，盛出煮好的杂粮粥即可。

纳豆

纳豆中的纳豆菌可产生吡啶二羧酸，能有效杀灭、抑制肠道内的有害菌和病毒，让人排便通畅。此外，纳豆激酶可以溶解毛细血管里的血栓、脂肪等，可使人面色红润。

每100克	热量	103Kcal
	碳水化合物	6.5g
	脂肪	2g
	蛋白质	14.9g

纳豆味噌汤

时间：8分钟
热量：221大卡

| 原料 |
香菇70克，芦笋50克，纳豆、芹菜各30克，花生20克，味噌10克

| 调料 |
椰子油5毫升

做法 ↘

1 洗净的芦笋对半切开，削去皮，改切成丁。
2 洗净的芹菜切碎。
3 洗净的香菇去柄，改切成片，待用。
4 锅中注入清水烧开。
5 倒入香菇、芦笋、花生，再次煮沸。
6 倒入纳豆、味噌、椰子油，拌匀。
7 倒入芹菜，拌匀后稍煮片刻。
8 关火后将煮好的汤水盛入碗中即可。

豆腐

豆腐中的大豆蛋白可以显著降低血浆中胆固醇、甘油三酯和低密度脂蛋白的含量，还有降低血脂的作用，而且豆腐热量不高，对美白皮肤也有很好的效果。

每100克		
● 热量	82Kcal
● 纤维素	0.4g
● 钙	164mg
● 蛋白质	8.1g

家常三鲜豆腐汤

时间. 11分钟
热量: 156大卡

|原料| 豆腐块150克，胡萝卜片50克，油菜45克，香菇30克，虾米15克，葱花少许

|调料| 盐、鸡粉各3克，胡椒粉2克，料酒、芝麻油、食用油各适量

做法 ↘

1 锅中注水烧开，加入盐、豆腐块拌均匀，煮约1分钟，捞出。

2 热锅中注油，放入虾米、香菇炒香，加入清水、胡萝卜、豆腐搅拌均匀。

3 加入盐、鸡粉，淋入适量料酒拌匀调味，煮至沸，倒入洗净的油菜拌匀。

4 加入胡椒粉、芝麻油拌匀，煮约1分钟至食材熟透，装入碗中，撒上葱花即可。

杂菌豆腐汤

| 原料 | 水豆腐100克，真姬菇50克，香菇15克，木鱼花3克

做法 ↘

1 水豆腐切成条；洗净真姬菇根部，撕成小瓣；洗净的香菇切成四瓣。

2 备一个碗，放入真姬菇、香菇、水豆腐，倒入木鱼花，注入适量的凉开水，用保鲜膜盖住。

3 将食材放入微波炉，高火加热3分30秒。

4 待时间到打开炉门，将食材取出，揭去保鲜膜即可。

时间：4分钟
热量：80大卡

豆腐四季豆碎米粥

| 原料 | 豆腐85克，四季豆75克，大米65克

| 调料 | 盐少许

做法 ↘

1 洗好的豆腐切成丁；择洗干净的四季豆切段，煮至熟。

2 取出备好的榨汁机，榨取四季豆汁；将大米磨成米碎。

3 把四季豆汁倒入汤锅中，调成中火，倒入米碎，持续搅拌1分30秒，煮成米糊。

4 加入豆腐拌匀，煮沸，放入盐，拌匀调味即可。

时间：13分钟
热量：155大卡

猪血

猪血中的血浆蛋白被人体内的胃酸分解后，能产生解毒、清肠的分解物，易于毒素排出体外。猪血还富含铁，可改善贫血者面色苍白的症状，是排毒养颜的理想食物。

每100克	热量	55Kcal
	蛋白质	12.2g
	钠	56mg
	脂肪	0.3g

黄豆芽猪血汤

时间：15分钟
热量：96大卡

|原料| 猪血270克，黄豆芽100克，姜丝、葱丝各少许

|调料| 盐、鸡粉各2克，芝麻油、胡椒粉各适量

做法 ↘

1 将洗净的猪血切成小块。

2 锅中注水烧热，倒入猪血、姜丝拌匀，盖上锅盖，用中小火煮10分钟。

3 揭开锅盖，加入盐、鸡粉、黄豆芽拌匀，用小火煮2分钟至熟。

4 撒上胡椒粉，淋入少许芝麻油，拌匀入味，盛出，放上葱丝即可。

猪血山药汤

时间：15分钟
热量：94大卡

| 原料 |

猪血270克，山药70克，葱花少许

| 调料 |

盐2克，胡椒粉少许

做法 ↘

1 洗净去皮的山药切厚片；洗好的猪血切小块。

2 锅中注水烧热，倒入猪血拌匀，余去污渍，捞出。

3 另起锅，注水烧开，倒入猪血、山药，烧开后用中小火煮约10分钟，加入盐拌匀。

4 取一个汤碗，撒入少许胡椒粉，盛入锅中的汤料，点缀上葱花即可。

小米

小米含淀粉、钙、磷、铁、维生素等，具有滋阴养血的功能，还有减轻皱纹、色斑、色素沉着的功效。

每100克	热量	361Kcal
	纤维素	1.6g
	磷	229mg
	蛋白质	9g

红枣小米粥

时间: 34分钟
热量: 218大卡

|原 料| 水发小米、红枣各100克

做法 ↘

1 砂锅中注入适量清水烧热，倒入洗净的红枣，盖上盖，用中火煮约10分钟至其变软。

2 揭盖，关火后捞出煮好的红枣，放在盘中，放凉，切开，取出枣核，将果肉切碎。

3 砂锅中注入适量清水烧开，倒入备好的小米，盖上盖，烧开后用小火煮约20分钟至米粒变软。

4 揭盖，倒入切碎的红枣，搅散、拌匀，略煮一小会儿，盛出煮好的粥，装在碗中即成。

南瓜小米粥

时间：47分钟
热量：138大卡

| 原料 |

南瓜肉110克，水发小米80克

| 调料 |

白糖10克

做法 ↘

1 将洗净的南瓜肉切片，再切小块。

2 砂锅中注水烧开，倒入洗净的小米，烧开转小火煮约30分钟，至米粒变软。

3 倒入南瓜搅拌均匀，用小火续煮约15分钟至食材熟透。

4 将煮好的南瓜粥盛入碗中，食用前加入白糖拌匀即可。

香菇

香菇的水提取物能有效清除人体内的过氧化氢，有延缓衰老的作用。经常食用香菇有助于控制体重，预防便秘及消化不良。

每100克		
热量	26Kcal
纤维素	3.3g
磷	53mg
蛋白质	2.2g

香菇炖竹荪

时间：43分钟
热量：199大卡

| 原料 |
菜心100克，鲜香菇70克，水发竹荪40克，高汤200毫升

| 调料 |
盐3克，食用油适量

做法 ↘

1 洗好的竹荪切成段；洗净的香菇切上十字花刀，备用。

2 锅中注入适量清水烧开，放入少许盐、食用油，倒入洗净的菜心，搅匀，煮1分钟后捞出，沥干水分，备用。

3 香菇倒入沸水锅中，煮半分钟，加入竹荪，再煮半分钟，捞出。

4 把香菇装入碗中，再加入竹荪。

5 将高汤倒入锅中，煮沸，放入少许盐，拌匀，倒入装有食材的碗中。

6 将碗放入烧开的蒸锅中。

7 盖上盖，隔水蒸30分钟至食材熟软。

8 揭开盖，取出蒸碗，放入焯好的菜心即可。

鲜香菇大米粥

／ 时间: 44分钟
　 热量: 143大卡

| 原料 |

水发大米100克，鲜香菇50克

| 调料 |

盐2克，芝麻油少许

做法 ↘

1 将洗净的香菇切粗丝。

2 砂锅中注入适量清水烧开，淋入少许芝麻油，倒入洗净的大米，放入切好的香菇，拌匀。

3 盖上盖，烧开后煮约40分钟至食材熟透。

4 揭盖，撒上少许盐，拌匀，用中火略煮，关火后盛出煮好的香菇粥，装在碗中即成。

第六章

美丽好气色：
甜点水果餐

人皆有爱美之心，年轻的女性更是如此。让女性变美，除了使用护肤品外，合理搭配膳食无疑是最好的选择，而如何做出健康又美味的甜点又是重中之重。一顿方便快捷的甜点或水果餐，能让您在享受美食的同时，轻松拥有美丽好气色！

橙子

橙子含有大量维生素C和胡萝卜素，能软化和保护血管，促进血液循环，降低胆固醇和血脂。橙子散发的气味还有利于缓解心理压力，让您有一个好心情。

每100克		
热量	48Kcal
纤维素	11.1g
维生素C	33mg
磷	22mg

橙香果仁菠菜

时间：12分钟
热量：163大卡

|原料| 菠菜130克，橙子250克，松子仁20克，凉薯90克

|调料| 橄榄油5毫升，盐、白糖、食用油各适量

做法 ↘

1 洗净去皮的凉薯切碎；择洗好的菠菜切碎；洗净的橙子切厚片；取一个盘子，摆上橙子。

2 锅中注水烧开，倒入凉薯、菠菜，焯至断生，捞出，放入凉水中降温，再捞出沥干水分。

3 热锅注油，倒入松子仁，翻炒片刻，炒出香味，将其盛出装入盘中。

4 将放凉的食材装入碗中，倒入松子仁，加入盐、白糖、橄榄油拌匀，放到盘中橙子片上即可。

鲜橙蒸水蛋

时间：24分钟
热量：214大卡

|原料|

橙子180克，蛋液90克

|调料|

白糖2克

做法 ↘

1 洗净的橙子切去头尾，在其三分之一处切开，挖出果肉，制成橙盅和盅盖，果肉切碎。

2 取一个碗，倒入蛋液、橙子肉、白糖搅拌均匀，再注入适量清水拌匀。

3 橙盅里倒入拌好的蛋液，至七八分满，盖上盅盖，待用。

4 将橙盅放入电蒸笼中，时间设为18分钟，再按"开始"键，蒸至食材熟透即可。

1   2   3   4

苹果

苹果热量低、营养易被人体吸收，是美容佳品，它还含有丰富的有机酸，可刺激胃肠蠕动，既能减肥，又可使皮肤润滑柔嫩。

每100克	热量	49Kcal
	纤维素	2.1g
	磷	11mg
	钠	0.7mg

自制苹果醋

时间：6分钟
热量：199大卡

| 原料 | 苹果120克，柠檬80克，冰糖30克

| 调料 | 白醋100毫升

做法 ↘

1 洗净的苹果取果肉，切薄片；洗净的柠檬切片。

2 取一个玻璃罐，放入部分苹果片、柠檬片，撒上少许冰糖。

3 再依次放入余下的苹果片、柠檬片和冰糖，倒入白醋至九分满。

4 用保鲜膜封紧罐口，置于阴凉处浸泡约2个月即可饮用。

黄瓜苹果纤体饮

时间：5分钟
热量：49大卡

| 原料 | 黄瓜85克，苹果70克

| 调料 | 柠檬汁少许

做法 ↘

1 洗净的黄瓜切小块；洗净的苹果切成丁。

2 取榨汁机，选择搅拌刀座组合，倒入黄瓜和苹果。

3 淋入备好的柠檬汁，注入适量纯净水，盖上盖子。

4 选择"榨汁"功能，榨出蔬果汁，装入杯中即成。

苹果梨冬瓜紫薯汁

| 原料 | 苹果75克，梨85克，冬瓜肉100克，紫薯40克

做法 ↘

1 洗净的梨取肉切小块；冬瓜肉切小块。

2 洗净的苹果取果肉，改切小块；洗净去皮的紫薯切小块。

3 取榨汁机，选择搅拌刀座组合，倒入切好的材料，注入适量的纯净水，盖好盖子。

4 选择"榨汁"功能，榨取蔬果汁，装入杯中即成。

时间：6分钟
热量：83大卡

菠萝

菠萝含有一种叫"菠萝朊酶"的物质，它能分解蛋白质，溶解阻塞于组织中的纤维蛋白和血凝块，改善局部的血液循环，消除水肿，有瘦身美容的功效。

每100克		
热量	44Kcal
维生素C	18mg
钙	12mg
磷	9mg

葡萄干菠萝蒸银耳

时间：23分钟
热量：156大卡

|原料| 菠萝210克，水发银耳150克，葡萄干40克

|调料| 冰糖15克

做法 ↘

1 泡发好的银耳切去根部，再切碎；备好的菠萝切成小块。

2 银耳、菠萝整齐摆入盘中，再撒上备好的葡萄干、冰糖。

3 电蒸锅注水烧开上汽，放入食材，盖上锅盖，调转旋钮，蒸20分钟。

4 待20分钟后，掀开锅盖，将食材取出即可。

菠萝黄瓜沙拉

时间：6分钟

热量：58大卡

|原 料|

菠萝肉100克，黄瓜80克，圣女果
45克

|调 料|

沙拉酱适量

做法 ↘

1 将洗净的黄瓜切开，再切薄片；洗好的圣女果
对半切开；菠萝肉切小块。

2 取一个大碗，倒入黄瓜片、圣女果、菠萝块，
快速搅拌，使食材均匀混合。

3 另取一个盘子，盛入拌好的材料，摆好盘。

4 最后挤上少许沙拉酱即可。

1

2

3

4

牛油果

油酸是牛油果所含的一种不饱和脂肪酸，可代替膳食中的饱和脂肪，降低人体胆固醇水平。牛油果的纤维含量很高，能帮助保持消化系统功能正常，可减肥瘦身。

每100克	热量	161Kcal
	维生素C	8mg
	蛋白质	2g
	磷	41mg

牛油果西柚芒果沙拉

时间：4分钟
热量：238大卡

|原料| 香蕉1根，圣女果90克，芒果370克，牛油果1个，西柚190克，紫甘蓝90克，生菜25克

|调料| 沙拉酱、酸奶、蜂蜜各适量

做法 ↘

1 取空碗，倒入沙拉酱、酸奶、蜂蜜，搅匀成酸奶沙拉酱，待用。

2 洗净的生菜撕成小块；香蕉去皮，切圆片；洗净去蒂的圣女果对半切开。

3 洗好的牛油果去核、去皮，斜刀切块；洗好的西柚去皮，斜刀切块；洗净的紫甘蓝切条，拆散；洗好的芒果切丁。

4 备好玻璃罐，倒入酸奶沙拉酱，放入芒果、西柚、牛油果、紫甘蓝、香蕉、圣女果，放上撕好的生菜即可。

香蕉杏仁牛油果奶昔

|原料|

香蕉100克，杏仁粉30克，牛油果50克

|调料|

酸奶50毫升，鲜奶70毫升

做法 ↘

1 香蕉去皮，切成小块；处理好的牛油果切成块状，待用。

2 备好榨汁机，倒入切好的食材，放入杏仁粉。

3 倒入备好的酸奶、鲜奶。

4 盖上盖，调转旋钮至1挡，榨取奶昔，倒入杯中即可。

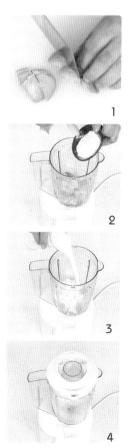

木瓜

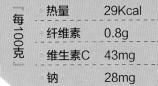

木瓜含有维生素C、氨基酸、木瓜蛋白酶、番木瓜碱等营养成分，可以美容养颜、延缓衰老、促进人体新陈代谢。

每100克	热量	29Kcal
	纤维素	0.8g
	维生素C	43mg
	钠	28mg

桂圆红枣木瓜盅

时间：25分钟
热量：248大卡

| 原料 |

木瓜500克，水发银耳40克，莲子30克，桂圆肉25克，枸杞、红枣各少许

| 调料 |

蜂蜜10克，食粉少许

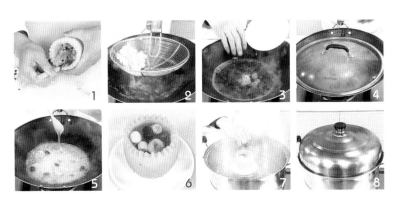

做法 ↘

1 事先将洗净的木瓜切去尾部，修平整，从二分之一处切断，取一半，沿木瓜的边缘雕成锯齿状，去除表皮，去除部分果肉，制成木瓜盅。

2 锅中注水烧开，放入少许食粉，倒入银耳、莲子，煮约1分钟，捞出。

3 另起锅，注水烧开，放入洗好的红枣、枸杞、桂圆肉。

4 再放入焯过水的银耳、莲子，拌匀，烧开后用中火煮约5分钟。

5 揭开盖，加入适量蜂蜜，拌匀，略煮片刻。

6 关火后盛出锅中的材料，装入木瓜盅，待用。

7 蒸锅上火烧开，放入木瓜盅。

8 盖上盖，用中火蒸约10分钟至食材熟透，取出即可。

木瓜莲子炖银耳

时间：113分钟
热量：242大卡

|原料|

木瓜200克，水发银耳、水发莲子
各100克

|调料|

冰糖20克

做法 ↘

1 砂锅中注入清水，倒入泡发好的银耳及莲子，拌匀。

2 盖上盖，大火煮开之后转小火煮90分钟至食材熟软。

3 揭盖，放入切好的木瓜、冰糖，拌匀。

4 盖上盖，小火续煮20分钟至析出有效成分，盛出即可。

凉拌木瓜

时间: 7分钟
热量: 263大卡

| 原 料 |

木瓜300克，柠檬汁250毫升，花生末20克，蒜末少许

| 调 料 |

盐2克，白糖3克

做 法 ↘

1 洗好去皮的木瓜切成块，再切成片，备用。

2 锅中注水烧开，放入盐、木瓜拌匀，煮1分钟，捞出沥干水分。

3 把木瓜装入碗中，倒入蒜末，放入适量盐、白糖，加入柠檬汁搅拌片刻，使其入味。

4 盛出拌好的食材，装入盘中，撒上花生末即可。

葡萄柚

葡萄柚中含有丰富的纤维素，可促进身体的新陈代谢，帮助抑制食欲。其富含维生素C，迫切想要减肥瘦身的朋友可以常吃。

每100克		
热量	33Kcal
纤维素	0.2g
蛋白质	0.7g
脂肪	0.3g

柚香紫薯银耳羹

时间：33分钟
热量：138大卡

|原料| 蜂蜜柚子茶100毫升，葡萄柚80克，紫薯块70克，水发银耳10克

做法 ↘

1 砂锅中注水烧开，倒入紫薯块，加入葡萄柚、银耳。

2 盖上盖，用大火煮开后转小火煮30分钟至食材熟透。

3 揭盖，倒入蜂蜜柚子茶拌匀，略煮片刻至汤汁入味。

4 关火后盛出煮好的甜汤，装入碗中即可。

葡萄柚猕猴桃沙拉

时间：6分钟
热量：137大卡

| 原料 |

葡萄柚200克，猕猴桃100克，圣女
果70克

| 调料 |

炼乳10克

做法 ↘

1 洗净的猕猴桃去皮，去除硬芯，把果肉切成片。

2 葡萄柚剥去皮，把果肉切成小块；洗好的圣女
果切成小块，备用。

3 把葡萄柚、猕猴桃装入碗中，挤入适量炼乳搅
拌均匀，使炼乳裹匀食材。

4 取一个干净的盘子，摆上圣女果装饰，将拌好
的沙拉装入盘中即可。

1

2

3

4

梨

梨含有丰富的营养物质和水分，可帮助人们补水、美容。梨的果胶含量很高，有助于消化、排毒。

『每100克』	热量	45Kcal
	蛋白质	0.2g
	纤维素	1.1g
	钙	4mg

芒果梨丝沙拉

时间: 4分钟
热量: 133大卡

| 原 料 | 芒果肉、梨肉各100克，鲜薄荷叶少许

| 调 料 | 蜂蜜少许

做法 ↘

1 芒果肉切片，再改切成丝。

2 梨肉切片，再改切成丝。

3 取一碗，放入芒果、梨肉，挤入适量蜂蜜，用筷子搅拌均匀。

4 摆放在盘中，放上鲜薄荷叶做装饰即可。

橙汁雪梨

时间：47分钟
热量：161大卡

| 原料 |

雪梨230克，橙子180克，橙汁150毫升

| 调料 |

白糖适量

做法 ↘

1 洗净的雪梨去皮、核，切片；橙子切瓣，再将皮和瓤局部分离，底部相连，将皮切开一片翻回来，做成兔耳状。

2 锅中注水烧开，倒入雪梨，搅拌片刻后捞出。

3 将雪梨装入碗中，倒入橙汁，加入适量白糖拌至溶化，浸泡40分钟。

4 将橙子瓣摆在盘子一侧，雪梨片摆在另一侧，浇上碗中的橙汁即可。

蓝莓

蓝莓虽小，营养却不少。蓝莓含超氧化物歧化酶等可抗衰老的物质，还富含花青苷色素，可改善视力、提高免疫力。

每100克		
热量	57Kcal
碳水化合物	12.09g
蛋白质	0.74g
纤维素	2.4g

蓝莓山药泥

时间：21分钟
热量：140大卡

|原料| 山药180克，蓝莓酱15克

|调料| 白醋适量

做法 ↘

1 将去皮洗净的山药切成块。

2 把山药浸入清水中，加少许白醋，搅拌均匀，去除黏液，将山药捞出，装盘备用。

3 把山药放入烧开的蒸锅中，盖上盖，用中火蒸15分钟至熟，揭盖，把蒸熟的山药取出，倒入大碗中，先用勺子压烂，再捣成泥。

4 取一个干净的碗，放入山药泥，再放上适量蓝莓酱即可。

橙香蓝莓沙拉

时间：5分钟
热量：136大卡

| 原料 |

橙子60克，蓝莓、葡萄、酸奶、橘子各50克

做法 ↘

1 洗净的橙子切片；洗好的橘子对半切开。

2 洗净的葡萄对半切开。

3 取一个碗，放入橘子、葡萄、蓝莓，拌匀。

4 取一个盘子，摆放上切好的橙子片，倒入拌好的水果，浇上酸奶即可。

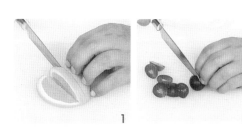
1

2

3

4

柳橙芒果蓝莓奶昔

|原料|

橙汁100毫升，蓝莓70克，芒果40克

|调料|

酸奶50毫升

做法 ↘

1 芒果取出果肉，切成小块，待用。

2 备好榨汁机，倒入芒果块、蓝莓。

3 再倒入备好的酸奶、橙汁。

4 盖上盖，榨取奶昔，倒入杯中即可。

蓝莓香蕉热汤

时间：6分钟
热量：89大卡

| 原料 |

蓝莓50克，香蕉1根，豆浆300毫升

| 调料 |

白糖10克

做法 ↘

1 香蕉剥皮，切小段。

2 榨汁杯中放入香蕉，加入洗净的蓝莓。

3 倒入白糖，加入豆浆，榨汁20秒制成果汁豆浆。

4 往锅中倒入果汁豆浆，用中小火煮至沸腾，搅拌均匀即可。

草莓

草莓酸甜多汁，可以促进食欲，它富含维生素C，有预防坏血病的作用，另外它含有的果胶和多种抗氧化物具有美白肌肤、抗衰美容的功效。

每100克		
热量		32Kcal
纤维素		1.1g
维生素C		47mg
磷		27mg

低糖草莓酱

时间：25分钟
热量：98大卡

|原 料| 草莓260克

|调 料| 冰糖5克

做法 ↘

1 洗净的草莓去蒂，切成小块，待用。

2 锅中注入约80毫升清水，倒入切好的草莓。

3 放入冰糖，搅拌约2分钟至其冒出小泡。

4 调小火，继续搅拌约20分钟至呈黏稠状，关火后将草莓酱装入小瓶中即可。

草莓奇异果

时间：8分钟
热量：66大卡

|原料|

奇异果、橙子各80克，草莓70克，
西生菜50克

|调料|

沙拉酱适量

做法 ↘

1 洗净的橙子切片；洗净的奇异果切厚片，去
皮，改切成小块。

2 洗净的草莓去蒂，切成小块；洗净的西生菜切
成细条，待用。

3 碗中倒入适量沙拉酱、部分奇异果、草莓拌匀。

4 取一个鸡尾酒杯，用西生菜垫底，放上拌好的
水果，再把剩下的水果铺放在上面，插上橙子片
作为点缀，挤上适量的沙拉酱即可。

1

2

3

4

葡萄

葡萄含有蛋白质、B族维生素、钙、镁、铁等营养成分，可补血气、暖肾、改善贫血、缓解疲劳，对于减肥者来说，是很好的食材。

每100克		
热量	51Kcal
纤维素	0.4g
维生素C	4mg
磷	17mg

葡萄苹果沙拉

时间：4分钟
热量：157大卡

|原料| 去皮苹果150克，葡萄80克，圣女果40克

|调料| 酸奶50克

做法 ↘

1 洗净的圣女果对半切开。

2 摘取葡萄粒并洗净。

3 苹果切开，去核，去皮，切丁。

4 取一个盘子，摆放上圣女果、葡萄、苹果，浇上酸奶即可。

哈密瓜葡萄汁

时间：5分钟
热量：81大卡

| 原料 |

哈密瓜150克，葡萄70克

| 调料 |

白糖适量

做法 ↘

1 洗净的葡萄对半切开，剔去籽。

2 处理好的哈密瓜切成条，切小块待用。

3 备好榨汁机，倒入葡萄、哈密瓜块，放入白糖，倒入适量的凉开水。

4 盖上盖，榨取果汁，倒入杯中即可。

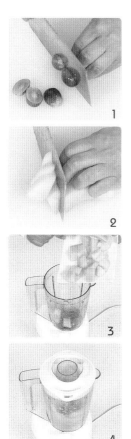

香蕉

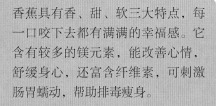

香蕉具有香、甜、软三大特点，每一口咬下去都有满满的幸福感。它含有较多的镁元素，能改善心情，舒缓身心，还富含纤维素，可刺激肠胃蠕动，帮助排毒瘦身。

每100克	热量	93Kcal
	纤维素	1.2g
	镁	43mg
	磷	28mg

红豆香蕉椰奶

时间：68分钟
热量：330大卡

|原料|

水发红豆230克，香蕉1根，椰奶、豆浆各100毫升，抹茶粉10克

|调料|

蜂蜜3克，椰子油8毫升

做法 ↘

1 香蕉剥皮，切厚片，待用。

2 锅中注入适量清水烧开，倒入泡好的红豆。

3 加盖，用大火煮开后转小火续煮1小时至熟软，待用。

4 取一个碗，倒入椰奶、豆浆，加入蜂蜜、椰子油。

5 放入一半抹茶粉搅拌均匀。

6 放入煮熟的红豆搅拌均匀，制成红豆椰奶汁。

7 将切好的香蕉片平铺在碗底。

8 倒入红豆椰奶汁，放入剩余抹茶粉即可。

火龙果

火龙果中花青素含量较高，花青素具有抗氧化、抗自由基、抗衰老的作用，火龙果还富含维生素C，具有美白皮肤的作用。

每100克		
热量	51Kcal
脂肪	0.2g
蛋白质	0.6g
纤维素	1.2g

火龙果葡萄泥

时间：4分钟
热量：196大卡

| 原料 | 葡萄100克，火龙果300克

做法 ↘

1 洗好的火龙果切去头尾，切成瓣，去皮，再切成小块。

2 取出备好的榨汁机，选择搅拌刀座组合。

3 倒入备好的火龙果，放入洗净的葡萄。

4 盖上盖，选择"榨汁"功能，榨成果泥，断电后将果泥倒出，装入杯中即可。

水果魔方

时间：5分钟
热量：224大卡

| 原料 |

西瓜700克，火龙果200克，猕猴桃
170克，樱桃40克，鲜薄荷叶少许

做法 ↘

1 将洗净的猕猴桃去皮，切成小方块。

2 洗好的火龙果去皮，把果肉切成小方块。

3 西瓜取果肉，切成小方块备用。

4 取一个水果盘，将切好的水果摆成魔方的形状，点缀上洗净的樱桃、鲜薄荷叶即成。

1　　　　2　　　　3　　　　4

西瓜

西瓜含有葡萄糖、苹果酸、维生素等营养成分，能减少皱纹、增加皮肤弹性，使人显得更年轻。

『每100克』	热量	26Kcal
	纤维素	0.3g
	蛋白质	0.6g
	磷	9mg

酸奶西瓜

时间：6分钟
热量：191大卡

|原料| 西瓜350克，酸奶120克

做法 ↘

1 西瓜对半切开，改切成小瓣。

2 取出西瓜的果肉，改切成小方块备用。

3 取一个干净的盘子，放入切好的西瓜果肉，码放整齐。

4 将备好的酸奶均匀地淋在西瓜上即可。

水果捞

时间: 3分钟
热量: 249大卡

| 原料 |

西瓜170克，香瓜100克，芒果120克，火龙果150克，椰奶45毫升

做法 ↘

1 芒果取果肉，切丁；火龙果取果肉，切小块。

2 洗净的香瓜取果肉，切丁；西瓜取果肉，切小块。

3 将切好的水果放入杯中，铺匀。

4 再倒入适量椰奶，拌匀即可。

1

2

3

4

225

酸奶

酸奶中所含的钙、镁、钾、钠等元素，能够有效地调节人体血液的酸碱度，减少皮肤中色素斑的形成，对黄褐斑、雀斑等各种色斑有一定的抑制作用。

每100克		
热量	72Kcal
脂肪	2.7g
磷	85mg
钙	118mg

橙盅酸奶水果沙拉

时间：7分钟
热量：170大卡

|原料| 橙子1个，猕猴桃肉35克，圣女果50克

|调料| 酸奶30克

做法 ↘

1 将猕猴桃肉切开，再切小块；洗好的圣女果对半切开。

2 洗净的橙子切去头尾，用雕刻刀从中间分成两半，取出果肉，制成橙盅，果肉切小块。

3 取一大碗，倒入圣女果、橙子肉块、猕猴桃肉，搅拌一会儿至食材混合均匀。

4 另取一个盘子，放上做好的橙盅，摆整齐，再盛入拌好的材料，浇上酸奶即可。

酸奶草莓

| 原料 | 草莓90克，酸奶100毫升

| 调料 | 蜂蜜适量

做法 ↘

1 将洗净的草莓切去果蒂，切成小块。

2 取一个干净的碗，倒入草莓块，放入备好的酸奶，拌匀。

3 淋上适量的蜂蜜，快速搅拌一会儿至食材入味。

4 再取一个干净的盘子，盛入拌好的食材，摆好盘即成。

时间：4分钟
热量：99大卡

草莓桑葚奶昔

| 原料 | 草莓65克，桑葚40克，冰块30克

| 调料 | 酸奶120毫升

做法 ↘

1 洗净的草莓切小瓣；洗好的桑葚对半切开；冰块敲成小碎块备用。

2 将酸奶装入碗中，倒入大部分的桑葚、草莓，用勺搅拌至酸奶完全裹匀草莓和桑葚。

3 倒入冰块搅匀。

4 将拌好的奶昔装入杯中，点缀上剩余的草莓、桑葚即可。

时间：6分钟
热量：125大卡

可可

可可一般用于制作巧克力和烘焙食品。可可粉中含有B族维生素及钾、镁、钙、铁等元素，能有效作用于身体的反射系统，并刺激血液循环，从而达到减肥的目的。

每100克	热量	349Kcal
	蛋白质	20.9g
	脂肪	8.4g
	纤维素	14.3g

椰子油生巧克力

时间：12小时
热量：271大卡

| 原料 | 可可粉 30 克，豆浆粉 25 克，椰子粉 15 克，椰子油、蜂蜜各适量

做法 ↘

1 往备好的碗中倒入可可粉、豆浆粉、椰子油，充分拌匀，加入蜂蜜，再次拌匀。

2 用保鲜膜将碗包好，放入冰箱冷藏5分钟，至食材表面稍微凝固。

3 将食材取出，撕开保鲜膜，将食材装入备好的模具中，再将模具放入冰箱冷冻12个小时。

4 将冷冻好的生巧克力取出，将生巧克力从模具中剥离开来，黏上适量的椰子粉，盛入盘中即可。

脆皮水果巧克力

时间：12小时
热量：252大卡

| 原料 |

圣女果80克，香蕉150克，蜂蜜25克，椰子油40毫升，可可粉25克

做法 ↘

1 香蕉去皮，切成厚片；洗净的圣女果去蒂。

2 用牙签串上香蕉片，摆放在盘子周围，同样用牙签将圣女果串好摆放在盘中，放入冰箱冷冻室，冷冻12个小时至表面挂霜。

3 往备好的碗中倒入可可粉、椰子油，拌匀，倒入蜂蜜，再次拌匀，制成脆皮酱待用。

4 取出香蕉和圣女果，包裹上一层脆皮酱，放在盘中，待脆皮酱凝固成型后即可食用。

香蕉可可粉豆浆

时间：18分钟
热量：100大卡

| 原料 |

香蕉1根，可可粉20克，水发黄豆40克

做法 ↓

1 洗净的香蕉去皮，切成小块。

2 将已浸泡8小时的黄豆倒入碗中，加清水搓洗干净，倒入滤网，沥干水分。

3 将黄豆倒入豆浆机中，加入香蕉、可可粉，注入适量清水至水位线。

4 选择"五谷"程序，再选择"开始"键，待豆浆机运转约15分钟，把打好的豆浆倒入滤网，滤取豆浆，倒入杯中，用汤匙捞去浮沫即可。

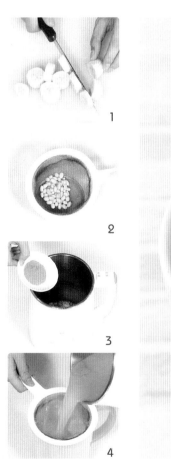